Dynamische Regelselektion in der Reihenfolgeplanung

Jens Heger

Dynamische Regelselektion in der Reihenfolgeplanung

Prognose von Steuerungsparametern mit Gaußschen Prozessen

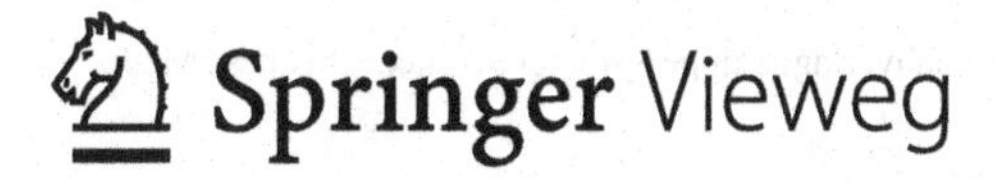

Dr.-Ing. Jens Heger
Bremen, Deutschland

Zugl.: Dissertation Universität Bremen, 2014

ISBN 978-3-658-07981-9 ISBN 978-3-658-07982-6 (eBook)
DOI 10.1007/978-3-658-07982-6

Die Deutsche Nationalbibliothek verzeichnet diese Publikation in der Deutschen Nationalbibliografie; detaillierte bibliografische Daten sind im Internet über http://dnb.d-nb.de abrufbar.

Springer Vieweg

Gedruckt auf säurefreiem und chlorfrei gebleichtem Papier

Springer Fachmedien Wiesbaden ist Teil der Fachverlagsgruppe Springer Science+Business Media
(www.springer.com)

Danksagung

Die vorliegende Arbeit ist während meiner Zeit als wissenschaftlicher Mitarbeiter am BIBA - Institut für Produktion und Logistik entstanden. Dazu habe ich über die Jahre in den guten wie auch schwierigen Phasen, die eine solche Arbeit mit sich bringt, eine Menge Unterstützung erhalten, für die ich mich an dieser Stelle bedanken möchte. Zuerst geht mein großer Dank an meinen Erstgutachter Prof. Dr.-Ing. Bernd Scholz-Reiter für die vielen Möglichkeiten, mich fachlich und persönlich in einem sehr angenehmen Umfeld weiter entwickeln zu können. Prof. Dr. Jürgen Branke bin ich sehr dankbar für die Übernahme der Zweitgutachterschaft und die vielen Diskussionen und Denkanstöße während der gemeinsamen Projektarbeit. Prof. Dr.-Ing. Klaus-Dieter Thoben danke ich ebenfalls für die sehr gute Zusammenarbeit.

Das gute Arbeitsklima und die vielen Anregungen und Denkanstöße, die ich von meinen Kollegen am BIBA erhalten habe, sind ein weiterer wichtiger Baustein bei der Erstellung dieser Arbeit gewesen. Hervorheben möchte ich Torsten Hildebrandt, Christian Meinecke und Topi Tervo, die immer wieder bereit waren, meine Paper und Dissertationsteile kritisch zu durchleuchten. Hinzukommen meine Bürokollegen, mit denen ich über die Jahre die meiste „Wachzeit“ und angenehme Stunden verbracht habe: Michael Lütjen, Christian Meinecke und Farian Krohne.

Meinen Eltern und meinem Bruder möchte ich für die jahrzehntelange Unterstützung in allen Bereichen danken; genauso wie natürlich meinen Freunden und Volleyballkollegen für die schönen und entspannten Stunden des Ausgleichs.

Jens Heger

Zusammenfassung

Die Dissertation „Dynamische Selektion von Regeln zur Reihenfolgeplanung in der Werkstatt- und flexiblen Fließfertigung“ befasst sich mit dem für Industrieunternehmen sehr wichtigen Thema der Fertigungsoptimierung; der Fokus liegt hierbei auf der Reihenfolgeplanung.

Es wird ein Verfahren entwickelt, das auf der prioritätsregelbasierten Reihenfolgeplanung aufbaut. Da keine Prioritätsregel existiert, die in allen Situationen das anvisierte Zielkriterium, wie beispielsweise die Termintreue, bestmöglich erreicht, findet eine dynamische Auswahl beziehungsweise Adaption der Regeln statt. Die Wissensbasis, wann welche Regel auszuwählen ist, wird durch vorgelagerte Simulationsstudien berechnet. Da dies eine sehr aufwendige und rechenzeitintensive Aufgabe ist, werden erstmals mithilfe der Gaußsche Prozesse Regression Modelle gelernt, die für nicht untersuchte Situationen Prognosen über das Verhalten der Prioritätsregeln abgeben.

Die Evaluation an einem Szenario der Werkstatt- beziehungsweise flexiblen Fließfertigung hat gezeigt, dass einerseits die Gaußsche Prozesse Regression zu signifikant besseren Ergebnissen geführt hat, wie beispielsweise die Regression basierend auf neuronalen Netzen. Andererseits konnte in beiden Szenarien gezeigt werden, dass das neu entwickelte Steuerungsverfahren signifikante Leistungssteigerungen im Vergleich zu herkömmlichen Verfahren erreichen konnte.

Abstract

The thesis "Dynamische Selektion von Regeln zur Reihenfolgeplanung in der Werkstatt- und flexiblen Fließfertigung" (engl. dynamic selection of priority rules for job shop and flexible flow shop scheduling) addresses the important topic of job shop and flexible flow shop scheduling.

Decentralized scheduling with dispatching rules is applied in many fields of production and logistics, especially in highly complex manufacturing systems. Priority rules are bound to their local information horizon and thus there is no rule, which outperforms other rules across various objectives, scenarios and system conditions. In this thesis a new approach to dynamically select or adjust priority rules depending on the current system conditions is developed. The knowledge base for choosing the optimal rule is generated by prior simulation runs. Since these simulation runs are expensive and time intensive Gaussian process regression models are used for the first time to calculate regression models, which predict the performance of priority rules under different system conditions.

The approach has been evaluated on a job shop and a flexible flow shop scenario. The regression models of Gaussian processes led to better results than the models of the neuronal networks. The developed scheduling method outperformed standard methods in both scenarios significantly.

Abstract

[illegible]

Inhaltsverzeichnis

Abbildungsverzeichnis

Tabellenverzeichnis

1 Einleitung

Im Einleitungskapitel wird die Motivation und das Problemfeld der Arbeit vorgestellt, die Zielstellung abgeleitet und die Gliederung der Arbeit dargestellt.

1.1 Motivation und Problemfeld

Starker Wettbewerbsdruck an den globalen Märkten führt dazu, dass Unternehmen ihre Abläufe optimieren müssen, um weiterhin konkurrenzfähig zu bleiben. Durch die Entwicklung immer komplexerer Produkte und die steigende Variantenvielfalt erhöhen sich die Anforderungen an die Produktionsplanung und -steuerung, die nach wie vor den Kern eines jeden Industrieunternehmens bildet (Schuh 2006). Dieser Wettbewerbsdruck führt unter anderem dazu, dass die Anzahl der arbeitenden Menschen in der Produktion ständig abnimmt, während gleichzeitig der durch die Mechanisierung und Automatisierung erforderliche Kapitaleinsatz zunimmt (Günther und Tempelmeier 2009). Um eine angemessene Rendite für das gebundene Kapital erreichen zu können beziehungsweise hohe Wertschöpfung zu erzielen, müssen gewisse Anforderungen an bestimmte Faktoren erfüllt werden. Dazu gehören nach Günther und Tempelmeier die Zeit, die Qualität, die Wirtschaftlichkeit und die Flexibilität: Ist die benötigte Zeit, die für die Erzeugung der Produkte auf den verfügbaren Produktionsressourcen benötigt wird, geringer, kann eine umso höhere Wertschöpfung mit den Ressourcen erreicht werden. Daher werden kurze Durchlaufzeiten angestrebt. Die Leistung des Produktionssystems lässt sich mengen- und wertmäßig messen, aber auch qualitativ bewerten. Die daraus resultierende Kundenzufriedenheit wird immer mehr zum entscheidenden Wettbewerbsfaktor. Ein immer wichtiger werdender Punkt ist die Flexibilität. Einerseits sollen sich Produktionssysteme in strategischer Hinsicht in angemessener Zeit auf veränderte Umweltbedingungen anpassen lassen, andererseits soll das Produktionssystem in operativer Hinsicht die Fähigkeit besitzen, kurzfristig auf notwendige Veränderungen des Produktprogramms und der Produktionsprozesse zu reagieren (Günther und Tempelmeier 2009).

Die Hauptaufgabe der operativen Produktionsplanung und –steuerung ist es, zur Ausschöpfung der Leistungspotenziale beizutragen, die zuvor auf strategischer Ebene bei der Gestaltung der Infrastruktur des Produktionssystems geschaffen wurden. Die Produktionsfeinplanung bildet die Grundlage für die Veranlassung der Produktionsprozesse. Hier wird bestimmt, wann und in welcher Reihenfolge die eingehenden Aufträge mit welchen Ressourcen bearbeitet werden sollen. Auf der Basis genauer Prozesszeiten und unter Berücksichtigung der Rüst- und Betriebszustände der Arbeitssysteme erfolgt eine Ressourcenbelegungsplanung (Günther und Tempelmeier 2009).

Komplexität der Problemstellung und Lösungsansätze

In der Praxis stellen die Werkstatt- und die flexible Fließfertigung in Bezug auf die Ressourcenbelegungs- beziehungsweise Reihenfolgeplanung ein $\mathcal{NP}$-vollständiges Problem dar. Dies hat zur Folge, dass optimale Pläne, die eine realitätsnahe Größe besitzen, nicht in vertretbarer Zeit erstellt werden können. Daher haben mathematische Modelle (zum Beispiel gemischt-ganzzahlige Modelle (MILP)) (Scholz-Reiter et al. 2010a) oder Branch-and-Bound Algorithmen (Brucker et al. 1994) in der Praxis wenig Relevanz. Dort werden vor allem heuristische Verfahren eingesetzt, die versuchen die Zielkriterien, wie beispielsweise Verspätung oder Durchlaufzeit der Aufträge, möglichst gut zu erreichen, ohne Optimalität zu garantieren. Diese Gruppe lässt sich weiter unterteilen in zentrale und dezentrale Ansätze. Zu den zentralen Ansätzen gehören beispielsweise die Shifting-Bottleneck Heuristik (Adams et al. 1988), das Tabu-Search

Verfahren (Zhang et al. 2007), Simulated Annealing (Laarhoven et al. 1992) oder auch genetische Algorithmen (Zhou et al. 2009), (Manikas und Chang 2009). Zu der zweiten Gruppe gehören Verfahren, die basierend auf lokalen Informationen, planungsrelevante Entscheidungen treffen. Diese Verfahren sind aktueller Forschungsgegenstand im Rahmen der Selbststeuerung logistischer Prozesse. Hier wird untersucht, unter welchen Umständen dezentrale Verfahren sich als vorteilhaft gegenüber der zentralen Planung erweisen (Scholz-Reiter et al. 2009a), (Scholz-Reiter et al. 2009b). Häufig werden in der Selbststeuerung sowie in der dezentralen Planung und Steuerung Prioritätsregeln eingesetzt.

Anforderungen an Steuerungsverfahren

Die beschriebenen Rahmenbedingungen, Veränderungstreiber und die Komplexität der Problemstellung führen dazu, dass Steuerungsmethoden verschiedene Aspekte berücksichtigen müssen:

Die Dynamiken im Produktionssystem steigen durch die wachsende Anzahl an verfügbaren Informationen sowie durch die vermehrt auftretenden Änderungen und Störungen. Für die Steuerungsverfahren ist ein robustes Verhalten gegenüber den Dynamiken wichtig, um die logistischen Zielkriterien gut zu erreichen. (Freitag et al. 2004) (Scholz-Reiter et al. 2005) (Gierth 2009) (Rekersbrink 2012)

Die steigende strukturelle Komplexität der produktionslogistischen Prozesse sorgt verbunden mit dem Dynamikaspekt dafür, dass nicht unbedingt zu jedem Zeitpunkt und an jedem Ort gewährleistet werden kann, dass alle relevanten Informationen zeitnah zur Verfügung stehen. (Windt 2008) (Gierth 2009) (Rekersbrink 2012).

Ein weiterer wichtiger Aspekt für Steuerungsmethoden ist deren Rechenzeit. Treten Störungen auf, wird es nötig schnellstmöglich neue Pläne zu berechnen beziehungsweise Entscheidungen auf Steuerungsebene zu treffen, die die aktuelle Situation berücksichtigen (Aufenanger 2009). Je schneller Reihenfolgeplanungs- und -steuerungsheuristiken dazu in der Lage sind, um so robuster verhält sich das Gesamtsystem.

Die Lösungsqualität der Steuerungsmethoden stellt ebenfalls einen wichtigen Aspekt dar, denn sie hat direkte Auswirkungen auf beispielsweise die Produktionskosten oder die Kundenzufriedenheit. In der Praxis gilt es, einen guten Kompromiss aus Rechenzeit, Lösungsqualität, Robustheit und Nutzerakzeptanz zu finden.

Fazit

Zusammenfassend lässt sich festhalten, dass die aufgeführten neuartigen Veränderungstreiber, wie beispielsweise die rasante Entwicklung neuer Informations- und Kommunikationstechnologien oder der Wandel von Verkäufer- zu Käufermärkten, genauso wie die steigende Variantenvielfalt, die eine Steigerung der Dynamik und Komplexität induziert, zu veränderten Anforderungen an die Steuerungsmethoden führt. Es müssen neue Verfahren entwickelt werden, die sich automatisch an veränderte Systemeigenschaften anpassen können und sich damit robust gegenüber Störungen verhalten. Des Weiteren ist es notwendig eine Reduktion der Komplexität zu erreichen; gleichzeitig ist aufgrund des Wettbewerb Drucks ein hoher Grad der Zielkriterienerreichung unerlässlich. Die wesentliche Aufgabe der Produktionsplanung- und -steuerung ist damit die Ausschöpfung der Leistungspotenziale der produzierenden Unternehmen.

1.2 Zielstellung

Die Zielstellung dieser Arbeit ist es, eine verbesserte Steuerungsmethode für die Reihenfolgeplanung im Bereich der Werkstatt- beziehungsweise flexiblen Fließfertigung zu entwickeln, die den neuen Anforderungen gerecht wird und eine bessere Lösungsgüte bietet. Dezentrale Steuerungsverfahren erfüllen einige Anforderungen, wie beispielsweise den Umgang mit auftretenden Störungen oder der Reduktion der Komplexität sehr gut, allerdings unterliegen sie in ihrer Leistungsfähigkeit in einigen Situationen den zentralen Verfahren (Rekersbrink 2012). Daher wird untersucht, wie durch das zusätzliche Berücksichtigen zentraler Systeminformationen, ein hybrides Verfahren, entwickelt werden kann.

Als erstes Teilziel wird untersucht, wie die Leistungsfähigkeit von Prioritätsregeln im Vergleich zu optimierenden Verfahren einzuschätzen ist und wie sehr ihre Performance situationsbedingt in Abhängigkeit vom Systemzustand Schwankungen unterworfen ist. Gleichzeitig können so die Grenzen des optimierenden Verfahrens, beispielsweise eines mathematischen Solvers, für das betrachtete Szenario aufgezeigt werden. Das zweite Teilziel besteht darin, ein Verfahren zu entwickeln, das während der Laufzeit situationsbedingt die beste Prioritätsregel für das Erreichen des gewählten Zielkriteriums auswählt. Dieses Teilziel ist eng verbunden mit dem dritten Teilziel, das darin besteht, das entwickelte Verfahren auf Szenarien mit Rüstzeiten zu erweitern. Das bedeutet, dass während der Laufzeit die Parameter von zusammengesetzten Prioritätsregeln adaptiert werden müssen. Das benötigte Wissen dazu wird durch vorgelagerte Simulationsläufe des Szenarios unter verschiedenen Bedingungen generiert werden. Da diese Simulationsstudien aufwendig sind, besteht eine weitere Aufgabe darin, mithilfe einer möglichst geringen Anzahl an Simulationsdurchläufen Trainingsdaten zu generieren, die für das Berechnen von Regressionsmodellen genutzt werden können. Mit diesen Modellen wird prognostiziert, wie die verschiedenen Prioritätsregeln in Abhängigkeit vom Systemzustand das Erreichen des Zielkriteriums beeinflussen. Ein Vergleich von Regressionsmethoden ist notwendig, um die für dieses Anwendungsgebiet geeignetste auszuwählen. Neben weiteren Verfahren stehen die vielfach angewendeten Neuronalen Netzen (Schröder 2010) und die Gaußsche Prozesse Regression zur Auswahl (Rasmussen und Williams 2006). Im Anschluss gilt es, weitere Verbesserungsverfahren, wie beispielsweise das dynamische Hinzufügen von zusätzlichen Trainingsdaten und der automatischen Erkennung von fehlerhaften Regressionsmodellen zu untersuchen.

Die neu entwickelten Verfahren müssen abschließend als dynamische Steuerungsmethode evaluiert werden. Dazu gilt es verschiedene

Szenarien aus der Werkstatt- und flexiblen Fließfertigung, teilweise mit reihenfolge-abhängigen Rüstzeiten, zu untersuchen.

1.3 Gliederung der Arbeit

Eine grafische Veranschaulichung der Gliederung ist in Abbildung 1 dargestellt. Die Abgrenzung des Untersuchungsgegenstandes findet in Kapitel 2 statt. Zur Einordnung des Themas werden dazu zuerst die Aufgaben des Supply Chain Managements und der Produktionsplanung und -steuerung beschrieben. Die in dieser Arbeit betrachteten Organisationsformen, nämlich die Werkstatt- und die flexible Fließfertigung werden definiert und die Halbleiterfertigung als komplexes Beispiel vorgestellt. Weiterhin werden die verschiedenen logistischen Zielkriterien sowie die Komplexität des Reihenfolgeproblems erörtert. Anschließend werden die Anforderungen an eine Steuerungskomponente daraus abgeleitet.

In Kapitel 3 werden die verschiedenen Verfahren zur Reihenfolgeplanung vorgestellt. Dazu gehören optimierende Verfahren, die optimale Lösungen finden, wenn dies aufgrund der Komplexität des Problems möglich ist. Weiterhin werden heuristische Verfahren betrachtet, die nicht uneingeschränkt in der Lage sind, optimale Lösungen zu finden, da sie beispielweise nur einen Ausschnitt des Lösungsraums der Problemstellung betrachten. Sie sind damit hingegen in der Lage, deutlich komplexere Problemstellungen zu betrachten. Zu diesen Heuristiken gehören die Prioritätsregeln. Im nächsten Abschnitt des Kapitels werden Verfahren des maschinellen Lernens beziehungsweise der Regression vorgestellt. Dazu gehören die lineare Regression, die weitverbreiteten neuronalen Netze und die Gaußsche Prozesse Regression. Anschließend werden bereits vorgestellte Ansätze analysiert, die maschinelle Lernverfahren einsetzen, um die prioritätsregelbasierte Reihenfolgeplanung zu verbessern. Dieses Kapitel endet mit der Zusammenfassung der verschiedenen Ansätze zur Ablaufplanung in der Produktion.

1 Einleitung, aktuelle Trends und Anforderungen

2 Dynamik und Effizienz in der Produktionslogistik	**3 Analyse bekannter Ansätze zur Ablaufplanung und Regression**

• Betrachtete Organisationsformen
• Logistische Zielkriterien
• Problemkomplexität
• Anforderungen Steuerungskomponente
  • Reduktion der Komplexität
  • Dynamikaspekt
  • Informationsaspekt
  • Rechenzeit
  • Lösungsqualität
	• Methoden zur Ablaufplanung
	  • Optimale Verfahren
	  • Heuristische Verfahren
	• Methoden des maschinellen Lernens
	• Lernverfahren und prioritätsregelbasierte Reihenfolgeplanung

4 Handlungsbedarf und Vorgehen

5 Konzept, Entwicklung und Evaluation

5.1 Prioritätsregeln in Szenarien mit mehreren Ressourcen • Vereinfachtes Halbleiterszenario ‚MiniFab' • Mathematische Modelle und Prioritätsregeln • Schwächen der Prioritätsregeln	[Scholz-Reiter et al., 2009b] [Scholz-Reiter et al., 2010a] ([Scholz-Reiter et al. 2011]) ([Pickardt et al., 2012])
5.2 Dynamische Selektion von Prioritätsregeln • Vergleich von Regressionsverfahren • Dynamische Addition von Trainingsdaten • Automatische Fehlererkennung in Regressionsmodellen • Evaluation im dynamischen Szenario	[Scholz-Reiter und Heger, 2011] [Heger et al., 2012] [Heger et al., 2013a] [Heger et al., 2013b]
5.3 Dynamische Adaption von Regelparametern • Berücksichtigung von reihenfolge-abhängigen Rüstzeiten • Dynamische Veränderungen des Produktmixes • Evaluation im dynamischen Szenario	*[Heger et al., 2014]*

6 Fazit und Ausblick

Abbildung 1: Gliederung der Arbeit und eigene relevante Publikationen

In Kapitel 4 wird der Handlungsbedarf erörtert, der sich aus der Problemstellung und dem existierenden Stand der Technik ergibt. Die heutigen Anforderungen an ein Steuerungsverfahren werden von den bekannten Ansätzen nicht hinreichend erfüllt. Die sich ergebenden Arbeitsschritte werden in diesem Kapitel beschrieben. Dazu gehört in einem ersten Schritt die Analyse und die Untersuchung der Grenzen bestehender Steuerungsverfahren. Anschließend wird dargelegt, dass eine Auswahl und Optimierung des einzusetzenden Regressionsverfahrens durchgeführt werden soll. Des Weiteren werden die Anforderungen an Evaluierungsszenarien festgelegt. Das Kapitel endet mit der Beschreibung zur Entwicklung eines hybriden Steuerungsverfahrens.

In Kapitel 5 werden verschiedene Untersuchungen beschrieben, die sich in drei Unterkapitel einteilen lassen und mit verschiedenen Publikationen belegt sind. Zuerst findet eine Analyse von Prioritätsregeln in Szenarien mit mehreren Ressourcen statt. Dazu wird ein vereinfachtes Szenario der Halbleiterfertigung betrachtet und ein mathematisches Modell dazu entwickelt. So können die allgemeine Leistungsfähigkeit der Regeln beurteilt und gleichzeitig inhärente Schwächen aufgezeigt werden. Im zweiten Teil wird ein neues Verfahren zur dynamischen Selektion von Prioritätsregeln entwickelt. Dazu werden die geeigneten Regressionsverfahren ausführlich miteinander verglichen. Es folgen zwei Ansätze zur Verbesserung der Regressionsverfahren, in dem einerseits dynamisch weitere Datenpunkte den Modellen hinzugefügt werden und andererseits ein Verfahren zur automatischen Erkennung von fehlerhaften Modellen entwickelt wird. Der dritte Teil dieses Kapitels beschäftigt sich mit der dynamischen Adaption einer Prioritätsregel in einem Produktionsszenario mit reihenfolgeabhängigen Rüstzeiten. Dieser Ansatz basiert ebenfalls auf vorgelagerten Simulationsdurchläufen und Regressionsmodellen.

Die Arbeit endet mit dem Kapitel 6, in dem die Ergebnisse zusammengefasst werden und ein Ausblick präsentiert wird.

2 Dynamik und Effizienz in der Produktionslogistik

In diesem Kapitel wird die Problemstellung der Arbeit definiert und beschrieben. Dazu werden zuerst die Aufgaben eines produzierenden Unternehmens vorgestellt, bevor insbesondere auf die Reihenfolgeplanung eingegangen wird. Anschließend werden die in dieser Arbeit betrachteten Organisationsformen vorgestellt und deren Komplexität beschrieben. Es folgt eine Betrachtung der Anforderungen an ein Steuerungsverfahren.

2.1 Aufgaben der Produktionsplanung und -steuerung

Den Kern eines jeden Industrieunternehmens stellt nach wie vor die Produktionsplanung und -steuerung dar (Schuh 2006) (Günther und Tempelmeier 2009) (Wiendahl 2010). Die wichtigsten Aufgaben, die eng damit verbunden sind, und die bei der Einbindung des Unternehmens in mehrere Lieferketten (engl. supply chains) durchgeführt werden müssen, führen Rohde et al. in der *Supply Chain Matrix* (siehe Abbildung 2) auf (Rohde et al. 2000), (Meyr et al. 2005). Die Aufgaben teilen sich in die vier Bereiche Beschaffung (engl. procurement), Produktion (engl. production), Distribution (engl. distribution) und Absatz (engl. sales) auf. Eine ähnliche Gliederung findet sich im SCOR-Modell 10 (Supply Chain Council 2012). Insbesondere die Bereiche Beschaffung und Absatz sind Schnittstellenfelder zu Zulieferern beziehungsweise Kunden. In den einzelnen Bereichen lassen sich die Aufgabenfelder weiter nach dem Zeithorizont gliedern.

In der langfristigen Planung wird die strategische Ausrichtung des Unternehmens bestimmt. Dazu gehört die Planung und Auswahl neuer Standorte, der Auf- beziehungsweise Abbau von Lager- und Produktionskapazitäten, die Auswahl der Beschaffungs- und Distributionskanäle, die Entscheidungen über die Fertigungstiefe sowie die Gestaltung von Partnerschaften (Rohde et al. 2000).

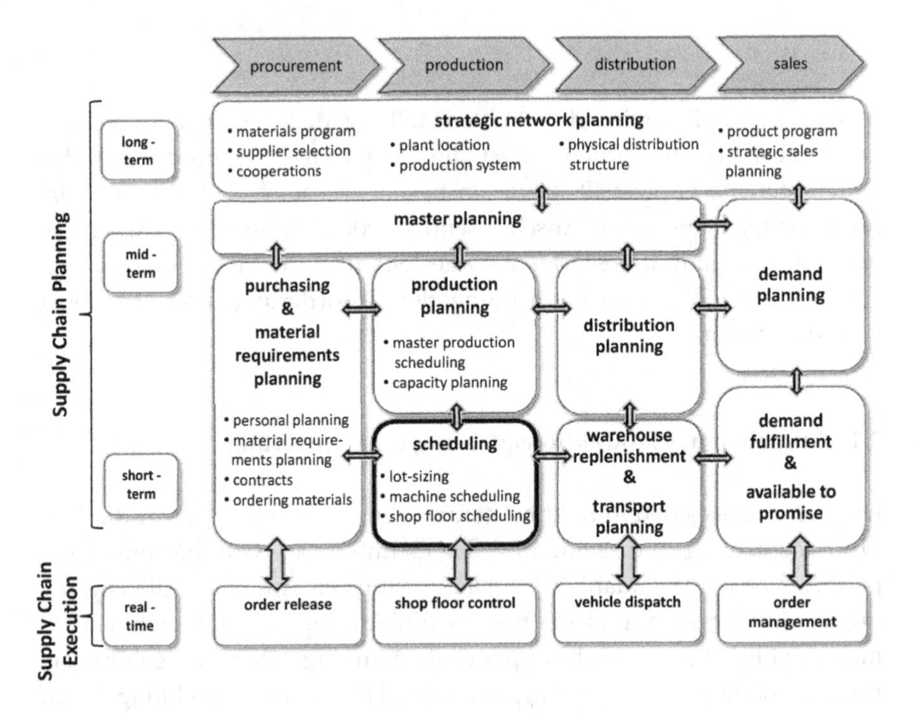

Abbildung 2: Supply Chain Matrix nach Rohde (Rohde et al. 2000), (Meyr et al. 2005)

Auf taktischer Ebene wird die mittelfristige Masterplanung (engl. master planning) durchgeführt. Basierend auf geschätzten Absatzzahlen und konkreten Kundenaufträgen, die bei der Bedarfsplanung (engl. demand planning) ermittelt worden sind, werden die Beschaffung, Produktion und Distribution sowie die damit verbundenen Informations-, Material und Geldflüsse synchronisiert. Es wird ein Rahmen über den geplanten Personaleinsatz, die Produktions- und Transportmengen, geplante Lagerkapazitäten und Fremdbeschaffungsmengen vorgegeben.

In der kurzfristigen Planung werden diese Vorgaben in den verschiedenen Bereichen umgesetzt. Dazu wird regelmäßig eine konkrete Personalplanung durchgeführt, es wird nötiges Material beschafft und es findet eine Produktionsplanung (engl. production planning) und -steuerung (scheduling) statt. Weiterhin wird eine Lager- und Transportplanung veranlasst.

Von diesen kurzfristigen Planungsbereichen gibt es enge Schnittstellen zu der Ausführungsebene (engl. supply chain execution), wo es um die konkrete Durchführung der geplanten Aktionen geht. Dazu gehört das Abschicken von Bestellungen, die Führung, Lenkung und Steuerung der Produktion in Echtzeit sowie die Flottenkontrolle und das Bestellmanagement.

Im Aachener PPS-Modell (siehe Abbildung 3) stellt Schuh die Kern- und Querschnittsaufgaben eines Industrieunternehmens dar [Schuh, 2006], die sich im Modell von Rohde et al. unter Produktionsplanung und -steuerung wiederfinden (Rohde et al. 2006). Das Modell von Schuh betrachtet weniger die Einbindung in eine Lieferkette, als vielmehr die innerbetriebliche Sicht auf die Aufgabenbereiche und ihre Bedeutung. Auftrags- und Bestandsmanagement sowie Controlling werden als Querschnittsaufgaben angesehen. Die Produktionsprogrammplanung, Produktionsbedarfsplanung und die Fremdbezugsplanung und -steuerung sowie die Eigenfertigungsplanung und -steuerung gehören zu den Kernaufgaben; entsprechend wichtig sind sie für den Erfolg des Unternehmens. Aufgrund dieser Bedeutung liegt der Fokus dieser Arbeit daher auf der Eigenfertigungsplanung und -steuerung, insbesondere der Reihenfolgeplanung.

Dangelmaier definiert diese wie folgt: „Eine Fertigungsplanungs-Aufgabe ist die Aufgabe, für ein Fertigungssystem vorausschauend Plandaten über die qualitative, quantitative und zeitliche Gestaltung und Zuordnung der Elemente dieses Fertigungssystems, die in sich und mit den Ausgangsdaten konsistent sind, für einen definierten, zielgerichteten Fertigungsprozess festzulegen." (Dangelmaier 2001)

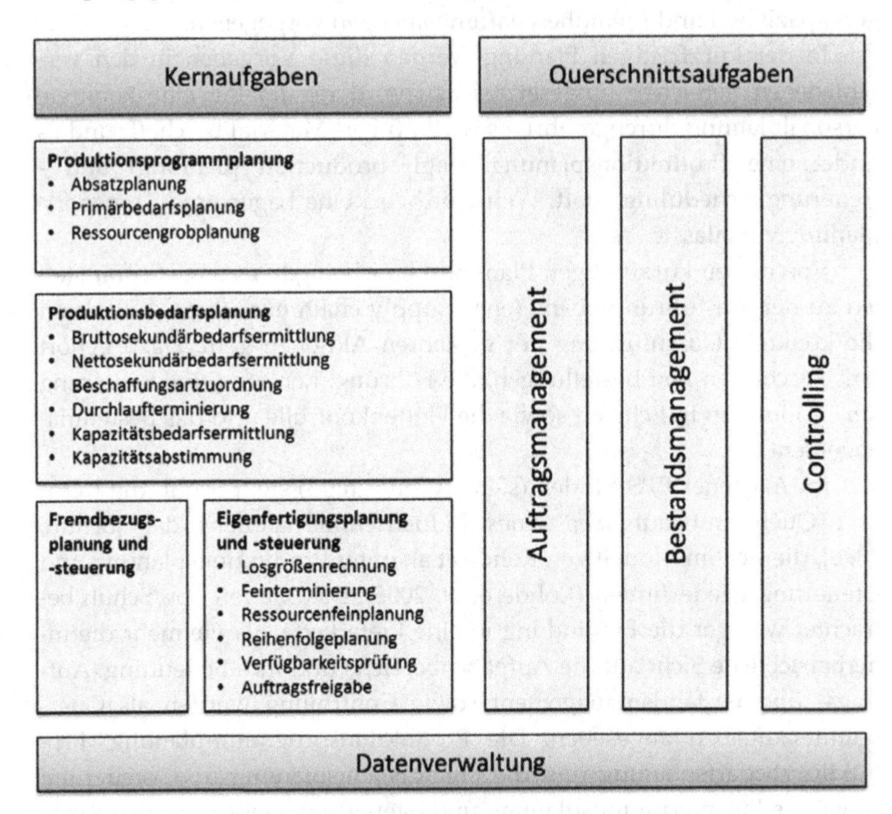

Abbildung 3: Aachener PPS-Modell nach Schuh (Schuh 2006)

Weiterhin hängt die Reihenfolgeplanung stark von der Organisationsform des Unternehmens ab, da unterschiedliche Organisationsformen verschiedene Entscheidungs- und Freiheitsgrade besitzen. Dies wirkt sich auf die Anforderungen und die Komplexität der Reihenfolgeplanung aus. Im Folgenden werden daher die in dieser Arbeit betrachteten Organisationsformen, ihre Komplexität und die verfolgten logistischen Zielkriterien genauer betrachtet. Von diesen Rahmenbedingungen hängen die möglichen Verfahren zur Reihenfolgeplanung ab.

2.1.1 *Betrachtete Organisationsformen*

Im Laufe der industriellen Entwicklung haben sich verschiedene Organisationsformen in der Fertigung herausgebildet, die durch die zunehmende Vielfalt und Stückzahl der Erzeugnisse und die unterschiedlichen Einflüsse der Unternehmen geprägt wurden. Die verschiedenen Einflussgrößen innerhalb eines Unternehmens lassen sich in vier Gruppen unterteilen (Wiendahl 2010):

- Einerseits ist dies die Ausrichtung dem Markt beziehungsweise den Kunden gegenüber. Dazu gehört das gute Erreichen der Zielkriterien Liefertreue und Lieferzeit, genauso wie der Preis, die Qualität oder die Flexibilität. Bei Veränderung des Marktes soll das produzierende Unternehmen schnellstens reagieren können.
- Eine weitere Einflussgröße, die aus den Gegebenheiten des Unternehmens selbst herrührt, ist die Personalstruktur. Die Qualifikation der Mitarbeiter spielt eine wichtige Rolle beim Einsatz verschiedener Technologien. Andererseits besteht der Druck, wirtschaftlich sowie flexibel fertigen zu müssen.
- Technologische Einflüsse hängen mit der konstruktiven Gestaltung der Einzelteile zusammen. Geometrische Formen, Abmessungen und Toleranzen sowie der verwendete Werkstoff bestimmen die Randbedingungen für das Unternehmen.
- Die Einflüsse aus der Marktausrichtung und der Technologie führen zusammen zu den wirtschaftlichen Einflussgrößen, deren wichtigste die Losgröße ist. Diese Anzahl an gleichen Erzeugnissen hat einen großen Einfluss auf die Wirtschaftlichkeit, da die Auslastung und Einrichtungszeiten der Maschinen davon abhängen, sowie die Kosten für die Lagerhaltung und das gebundene Kapital. Hinzu kommt die Frage nach der Fertigungstiefe. Es kann sinnvoller sein, bis auf Normteile, die Produkte selbst zu fertigen. Anderseits kann eine Konzentration auf die Kernkompetenzen sinnvoll sein und unrentable Tätigkeiten fremd zu vergeben. Ebenfalls Einfluss auf die Organisationsform hat der Wiederholcharakter einer Fertigung. Einzel-

oder Mehrfachfertigung führen zu unterschiedlichen Anforderungen an das Produktionssystem.

Werkstattfertigung

Die Werkstattfertigung ist eine ortsveränderliche Fertigung, bei der die wesentlichen Betriebsmittel ortsfest sind und die Arbeitsplätze nach den Bearbeitungsverfahren („Verrichtungsprinzip") zu Organisationseinheiten („Werkstätten") angeordnet sind. Die Abfolge der einzelnen Organisationseinheiten im Leistungsprozess ist erzeugnisspezifisch. (Dangelmaier 2001)

Die Werkstattfertigung ermöglicht die flexible Anpassung an unterschiedliche Werkstücke und deren unterschiedliche Bearbeitungsfolgen (Wiendahl, 2010). Nachteilig ist hingegen, dass der Materialfluss stark vernetzt ist, da die Aufträge ihren technologisch bedingten Reihenfolgen nach zu den einzelnen Werkstätten hin transportiert werden müssen. Daher gelingt es in der Regel nicht, Arbeits- und Transportvorgänge der einzelnen Aufträge exakt aufeinander abzustimmen und somit Wartezeiten auf Bearbeitung oder Weitertransport zu vermeiden. Um die genannten Probleme zu reduzieren, sind aufwendige Planungs- und Steuerungsmaßnahmen erforderlich (Günther und Tempelmeier 2005).

2.1.1.1 Fließfertigung

Die Fließfertigung ist eine ortsveränderliche Fertigung, bei der die wesentlichen ortsfesten Betriebsmittel nach Objektgesichtspunkten zu Organisationseinheiten zusammengefasst und platziert werden. So entsteht eine Fertigungslinie mit Stationen, die die einzelnen Arbeitsplätze darstellen. Die Abfolge im Leistungsprozess der einzelnen Organisationseinheiten ist erzeugnisspezifisch. Innerhalb der Organisationseinheiten gilt eine feste Sequenz mit in der Regel einheitlicher Taktzeit. (Dangelmaier 2001)

Grundsätzlich ist die Durchlaufzeit bei der Fließfertigung sehr kurz, da der Weitertransport nach einer Bearbeitungsoperation direkt zur nächsten Arbeitsstation erfolgen kann und nicht auf die Fertigstellung weitere Teile gewartet werden muss. Da die einzelnen Arbeitsstationen eng miteinander verkettet sind, werden in der Regel Puffer zwischen Arbeitsstationen eingefügt, sodass kleinere Störungen an einzelnen Stationen nicht die gesamte Anlage beeinträchtigen. Es ist zu beachten, dass eine enge Abstimmung der Kapazitäten von den Arbeitssystemen erforderlich ist.

Nachteile der Fließfertigung bestehen einerseits darin, dass nicht alle Stationen gleich ausgelastet sind. Andererseits lassen sich bei technischen Änderungen Stationen nur mit großem Aufwand umrüsten, da sie auf ein bestimmtes Werkstück eingerichtet sind. Wirtschaftlich betrachtet kann sich die Fließfertigung als nachteilhaft erweisen, wenn sich durch fehlende Nachfrage des vorgesehenen Erzeugnisses keine wirtschaftliche Auslastung der Betriebseinrichtungen ermöglichen lässt (Wiendahl 2010).

2.1.1.2 Flexible Fließfertigung

Die flexible Fließfertigung ist eine mehrstufige ortsveränderliche Fertigung. Sie setzt sich aus einem Bearbeitungs-, Transport-, Handhabungs- und Lagersystem zusammen. Im Gegensatz zur starren Fließfertigung ist durch die Kombination von Außen- und Innenverkettung ein Überspringen einzelner Bearbeitungsstationen beziehungsweise ein Materialfluss entgegengesetzt der Haupttransportrichtung möglich (Nebl 2011). Die Arbeitsstationen und Bearbeitungsmittel ergänzen sich, unterliegen allerdings keinem Taktzwang.

Die Ausgleichspuffer zwischen Arbeitsstationen sind notwendig, um kontinuierliches Arbeiten zu ermöglichen. Ihre Dimensionierung hängt von der Variantenvielfalt der zu fertigenden Produkte ab. Die flexible Fließfertigung besitzt im Gegensatz zur starren Fließfertigung eine höhere Flexibilität beispielsweise in Bezug auf die Produktvielfalt.

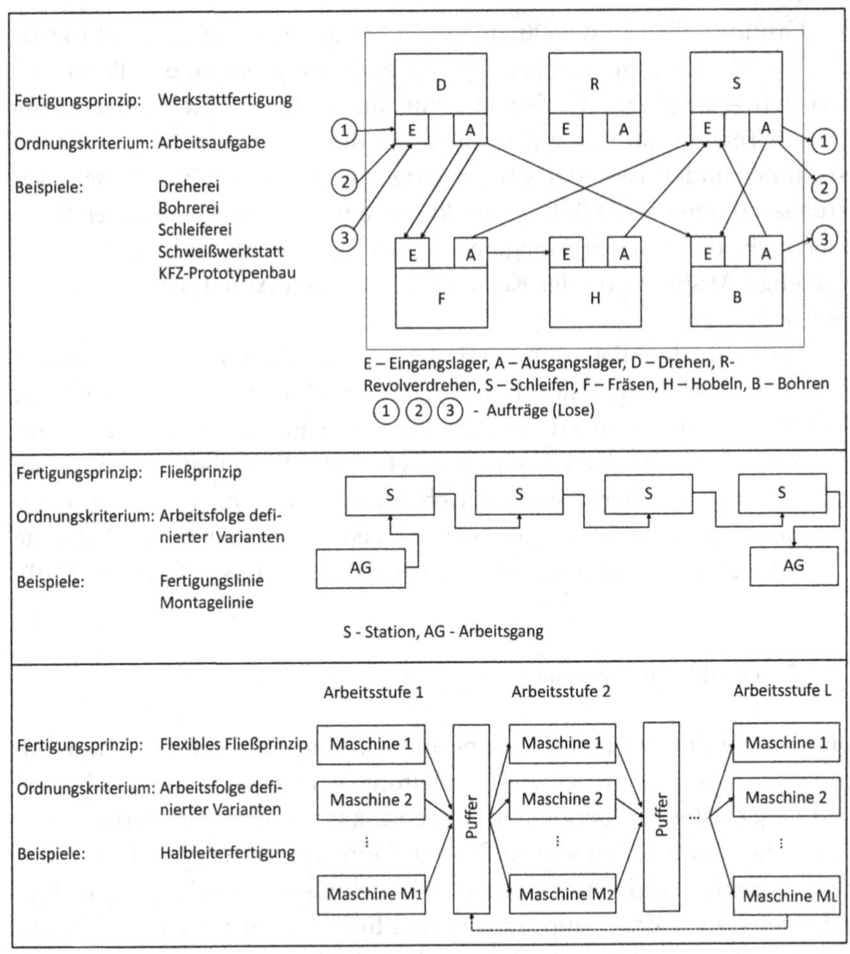

Abbildung 4: Organisationsformen der Fertigung mit Beispielen nach Wiendahl und Quadt (Wiendahl 2010), (Quadt und Kuhn 2005)

Die flexible Fließfertigung ist eine Organisationsform, die zu einer Vielzahl entstandener flexibler Fertigungssysteme gehört. Dabei handelt es sich nicht um konkrete Maschinen- und Einrichtungskonfigurationen, sondern um ein generelles Konzept. Dieses ermöglicht die automatische, ungetaktete, richtungsfreie und damit hochflexible Fertigung einer definierten Gruppe ähnlicher Teile, die auf die automatisierten Werkstück- und Informationsflüsse angewiesen ist. (Wiendahl 2010)

Mit der flexiblen Fließfertigung wird angestrebt, die Effizienz und Transparenz der (starren) Fließfertigung mit der Reaktionsfähigkeit und Flexibilität der Werkstattfertigung zu vereinen. Eine wichtige Charakteristik für die Steuerung der flexiblen Fließfertigung ist, dass in der Regel nur wenige der überhaupt infrage kommenden Produktionswege (engl. routes) zur guten Erreichung der Zielkriterien führen. Das Finden von alternativen Produktionswegen im Falle von Störungen oder Ausfällen ist eine große Herausforderung. (Brückner 2000)

In Abbildung 4 sind die drei vorgestellten Organisationsformen mit Beispielen dargestellt.

Halbleiterfertigung als Beispiel

Die Organisationsform der Halbleiterfertigung wird in der Regel als sehr komplexe Werkstattfertigung bezeichnet, da die Maschinen nach dem Verrichtungsprinzip organisiert sind und sich der Materialfluss, der verschieden Produkte unterscheidet (Mönch et al. 2011). Da sich die Produktionsschritte der meisten Produkte ähneln und sich damit häufig die gleichen Produktionswege ergeben, wird die Halbleiterfertigung auch als flexible Fließfertigung bezeichnet (Quadt und Kuhn 2005).

Nach Horn gilt die Halbleiterindustrie als einer der Hauptmotoren der technologischen Entwicklung. Aufgrund des herrschenden Kostendrucks wird kontinuierlich versucht, die Kosten zu senken und dennoch die hohe geforderte Qualität und Zuverlässigkeit der Produkte zu erreichen. Dazu stehen Verbesserungen im Fertigungsprozess an, wie zum Beispiel die Vergrößerung des Ausgangsmaterials von 300 mm auf 450 mm Waferdurchmesser. Weiterhin führen neue Packungsformen von Bauelementen, Miniaturisierung und Verringerung der Anschlussmaße sowie Innovationen im Prozessablauf zu immer höherer Komplexität. Es kommt erschwerend hinzu, dass gleichzeitig Produkte aus verschiedenen Lebenszyklusphasen nebeneinander produziert werden, für die zum Teil unterschiedliche Zielanforderungen bei einzelnen Vorgängen vorliegen. Diese genannten Entwicklungen führen zu steigenden Anforderungen an die Ablaufsteuerung. (Horn 2008)

In Abbildung 5 ist der schematische Prozessablauf der Herstellung elektronischer Baugruppen dargestellt, der nachfolgend beschrieben wird.

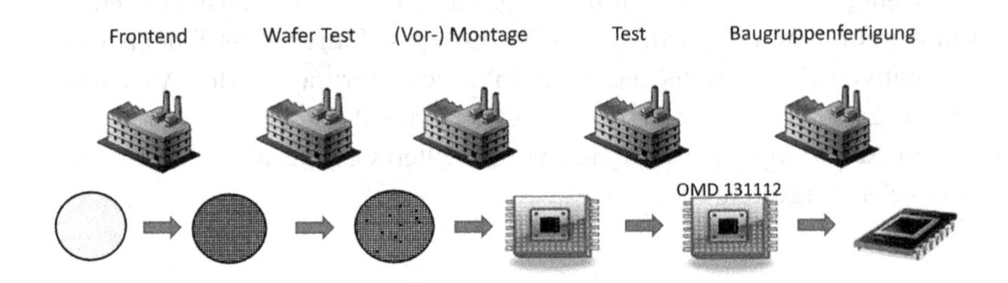

Abbildung 5: Schematischer Prozessablauf der Herstellung elektronischer Baugruppen (vgl. (Klemmt 2012), (Potoradi et al. 2002) und (Horn 2008))

Es werden im Frontend Prozess die Elemente mikroelektronischer Schaltungen erzeugt. Dazu wird der Wafer dotiert und es werden gezielt funktionale Materialschichten aufgebracht. Die Schaltungen mit Transistoren, Kondensatoren und Widerständen entstehen dabei durch die Abfolge der übereinander angeordneten Einzelschichten (zum Beispiel Isolierschichten, Leiterbahnen, Schichten mit bestimmter Leitfähigkeit usw.). Durch die hohe und immer weiter fortschreitende Miniaturisierung dieser Bauelemente entstehen hohe Anforderungen sowohl an den Herstellungsprozess wie auch an die Produktionsumgebung. (Klemmt 2012)

Im Anschluss an die aufwendige Bearbeitung im Frontend Prozess folgt der Wafer Test. Dort werden Untersuchungen der noch nicht zersägten Wafer durchgeführt, bei der die elektronischen Schaltungen überprüfen werden. Widerstände Kapazitäten und Leckströme werden gemessen und erste Funktionstests der Schaltungen werden durchgeführt. (Mönch 2011)

Anschließend folgt der sogenannte Backend Prozess, der mit der Vormontage beginnt. Dort werden die Chips zunächst vereinzelt. Dies erfolgt durch das „Dicing before Grinding" Verfahren, bei dem die Wafer an der (Chip-)Oberseite etwas tiefer als die vorgesehene Chipdicke eingesägt und anschließend auf der eingesägten Seite mit Folie überzogen werden. Es folgt der Abschliff auf der Rückseite bis zur geforderten Chipdicke. (Klemmt 2012)

Auf diese vorbereitenden Schritte folgt die Montage, die aufwendige Arbeitsgänge der Aufbau- und Verbindungstechnik umfasst. Die funktionsfähigen Chips werden von der Folie entfernt und beim Chipbonden (engl. die bonding) auf ein Substrat geklebt. Durch Drahtbonden (engl. wire bonding) wird der Chip an den entsprechenden Stellen mit dem Substrat verbunden. Es folgt ein Vergießen (engl. molding) des Chips um diesen zu verkapseln und damit zu schützen. Auf der gegenüberliegenden Seite werden Lotbälle (engl. ball placing) angebracht, die den Kontakt zur Leiterplatte darstellen. (Klemmt 2012)

Der anschließende Testprozessschritt umfasst mehrere intensive Funktionstests und sortiert die Chips bzgl. verschiedener Qualitätsmerkmale. Zur elektrischen Prüfung findet zuerst das 24 stündige Burn-In statt, bei dem die Chips aussortiert werden, die erwartungsgemäß im ersten Stadium des Lebenszyklus aufgrund von Produktionsfehlern ausfallen würden. Bestehen die Chips diesen thermischen und funktionalen Test, folgen anschließend verschiedene Systemtests bzgl. der Geschwindigkeit und Funktionalität bei unterschiedlichen Temperaturen und Spannungen, die zu einer Qualitätssortierung der Chips führen. (Klemmt 2012)

Inhalt der Baugruppenfertigung ist es, die verschiedenen elektronischen Bauelemente auf einen Verdrahtungsträger zu einer größeren funktionalen Einheit zu montieren. Der vorherrschende Verdrahtungsträger ist die Leiterplatte, die zum Beispiel als Hauptplatine eines Computers zum Einsatz kommt. Nach Klemmt ist das derzeitige Standardverfahren zur Herstellung der elektronischen Baugruppen die Oberflächenmontage (engl. surface mount technology, SMT). Es ist sowohl die einseitige wie auch die zweiseitige Bestückung der Leiterplatten möglich. Die

Verbindung der Bauelemente mit der Leiterplatte findet über die Lotkugeln an der Unterseite der jeweiligen Substrate statt. Zuerst wird dazu Lotpaste mithilfe eines Druckers an der Oberseite platziert und dort werden anschließend die Bauteile durch einen Bestücker aufgesetzt. In einem Ofen folgt das Reflowlöten für das Umschmelzen des Lotes. Abschließend folgt eine Systemprüfung der Baugruppe. (Klemmt 2012)

Zusammenfassend lässt sich feststellen, dass die Organisationsformen der Werkstatt- und flexiblen Fließfertigung, zu denen die Halbleiterfertigung gehört, aufgrund der komplexen Fertigung, der teilweise reentranten Prozessschritte, der Vermischung verschiedener Produkte und der sehr hohen Produktionskosten eine sehr große Komplexität mit vielen Entscheidungsmöglichkeiten in Bezug auf die Reihenfolgeplanung darstellen.

2.1.2 *Logistische Zielkriterien*

Nach Wiendahl besteht die zentrale Aufgabe der Produktionsplanung und -steuerung darin, die logistischen und wirtschaftlichen Ziele unter Berücksichtigung der gegenseitigen Abhängigkeiten in immer höherem Maße zu erreichen (Wiendahl 2010). Das Zielsystem lässt sich über die vom Markt wahrgenommene Logistikleistung beschreiben, die sich über die Liefertreue und Lieferzeit darstellt, und über die Logistikkosten, die aus den Komponenten Prozess- und Kapitalbindungskosten bestehen (siehe Abbildung 6).

Wiendahl stellt weiterhin fest, dass seit langer Zeit eine Bedeutungsverschiebung von den betriebsbezogenen hin zu marktbezogenen Zielgrößen stattfindet. Dies bedeutet, dass kurze Durchlaufzeiten in allen Produktionsbereichen angestrebt werden, damit kurze Lieferzeiten erreicht werden können. Genauso erfordert eine hohe Liefertreue eine hohe interne Termintreue.

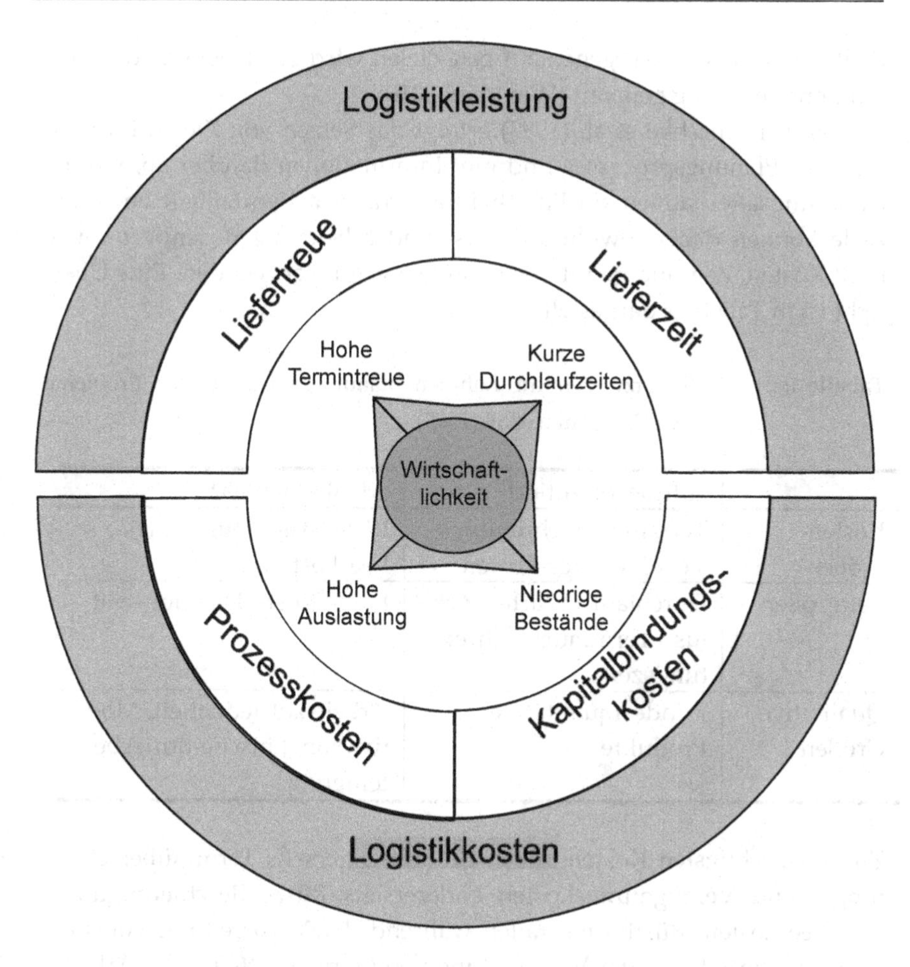

Abbildung 6: Zielsystem der Produktionsplanung (Wiendahl 2010)

Dennoch wird weiterhin versucht, die Kapitalbindungs- und Wagniskosten durch niedrige Bestände zu senken. Die weiteren Kosten, die für die Lenkung und Auftragsabwicklung, Warenein- und -ausgang sowie den Transport und die Lagerung von Material anfallen, lassen sich durch hohe Auslastungen günstig beeinflussen. Der intern entstehende

Zielkonflikt aus diesen gegenläufigen Zielen wird das Dilemma der Produktionssteuerung genannt (Wiendahl 2010).

Nach Domschke et al. (1997) erfolgt das Setzen von Zielen im Rahmen des Planungsprozesses und gibt Informationen darüber ab, welche Handlungsalternativen ein Entscheidungsträger als vorteilhaft bewertet. Ziele können dabei sowohl auftrags- und arbeitsträgerorientiert sowie nach Kosten, Zeit und qualitativen Größen gegliedert werden. Eine Übersicht ist in Tabelle 1 dargestellt.

Tabelle 1: Zielsetzungen im Rahmen ablauforganisatorischer Probleme nach Domschke et al. (1997)

	auftragsorientiert	arbeitsorientiert
Kosten-größen	Terminüberschreitungs-, Verzögerungs-kosten	Rüst-, Beschleunigungs-, Leerkosten
Zeitgrößen	Durchlauf-, Warte-, Zyklus-, Terminüberschreitungszeit	Leer-, Rüst- Belegungszeit
Qualitative Größen	Mindestqualität der Produkte	Arbeitszufriedenheit, Motivation, Entscheidungsbeteiligung

Zu den wichtigsten Kostengrößen gehören einerseits Terminüberschreitungs- und Verzögerungskosten andererseits Rüst-, Beschleunigungs- und Leerkosten. Rüstkosten fallen während der Vorbereitung von Ressourcen, wie z. B. bei der Vorbereitung von Betriebsmitteln oder Arbeitsträgern für die Fertigung an und lassen sich in direkte Kosten für das Einrichten und indirekte Kosten für Lerneffekte oder Opportunitätskosten gliedern. Die Terminüberschreitungskosten werden durch die Nichteinhaltung gewünschter Fertigstellungstermine von Aufträgen verursacht. Dazu gehören Fehlmengenkosten, die durch Konventionalstrafen entstehen oder Opportunitätskosten, die durch entgangene Deckungsbeiträge zustande kommen. Können beispielweise Durchlaufzeiten nicht eingehalten werden, kann dies zu kostenverursachenden Anpassungen beispielsweise zu Überstunden oder Fremdvergabe von Aufträgen führen. Weiterhin entstehen Kosten durch Leerzeiten, nämlich dann, wenn Betriebsmittel nicht genutzt werden. (Domschke et al. 1997)

Eng mit den Kostengrößen verbunden sind die zeitlichen Zielgrößen, die sich aus auftragsorientierter Sicht in Durchlauf-, Warte-, Zyklus- und Terminüberschreitungszeit gliedern lassen. Aus arbeitsorientierter Sicht fallen Leer-, Rüst- und Beschleunigungszeiten an. Die Durchlaufzeit eines Auftrags ist definiert als die Zeitspanne, die ein Auftrag von seiner Bereitstellung bis hin zur Fertigstellung benötigt. Sie ergibt sich aus der Summe der Fertigungs-, Rüst-, Transport- und Wartezeit. Als Zielsetzungen werden häufig eine Minimierung der durchschnittlichen oder eine Minimierung der maximalen Durchlaufzeit angestrebt. Weitere häufig verfolgte Zielsetzungen sind die Minimierung der mittleren oder maximalen Terminüberschreitungszeit. (Domschke et al. 1997)

Weiterhin werden qualitative Zielsetzungen verfolgt, zu denen Sachziele wie beispielsweise die Maximierung des Servicegrades gehören. Einerseits gehören dazu interne Aspekte der Fertigung, wie die Berücksichtigung von Qualitätsmerkmalen der Produktion (zum Beispiel Produktqualität) und andererseits externe Aspekte, wie soziale Größen, die beispielweise die Motivation und Zufriedenheit von Mitarbeitern betreffen. (Domschke et al. 1997)

2.1.3 *Komplexität von verschiedenen Reihenfolgeproblemen*

Die Organisationsform und die angestrebten logistischen Zielkriterien beeinflussen die Komplexität der Reihenfolgeplanung. Um geeignete Lösungsverfahren für die Reihenfolgeplanung auszuwählen oder zu entwickeln, ist es zwingend notwendig die jeweilige Komplexität des Problems zu kennen und zu berücksichtigen. Diesem Themengebiet widmet sich die Komplexitätstheorie, die sich seit den 70er Jahren als eigenständige Disziplin der theoretischen Informatik etabliert hat (siehe beispielsweise (Cormen et al. 2009)). Die Berechnungsaufwände von Algorithmen werden in den beiden Komplexitätsklassen $\mathcal{P}$ und $\mathcal{NP}$ unterschieden (siehe beispielsweise (Acker 2011), (Brucker 2007), (Klemmt 2011), (Pinedo 2012)).

Zur Klasse $\mathcal{P}$ gehören die Probleme, die sich in polynomieller Zeit lösen lassen. Das bedeutet, dass der zur Lösung benötigte zeitliche Aufwand eines Algorithmus für dieses Problem mit der Problemgröße nicht stärker als eine Polynomfunktion wächst. In der Praxis können in der Regel alle Probleme dieser Klasse in vertretbarer Zeit und Aufwand gelöst werden. Daher ist es empfehlenswert auf Verfahren zurückzugreifen, die optimale Lösungen anstelle von Annäherungen berechnen.

Wächst der Rechenaufwand für ein Problem exponentiell mit der zunehmenden Problemgröße an, das heißt es gibt kein von der Problemgröße abhängiges Polynom, das den Aufwand nach oben begrenzt, dann spricht man von einem nichtdeterministisch in polynomieller Zeit lösbaren Problem. Der Rechenaufwand für diese Probleme wächst in der Regel so schnell an, dass realitätsnahe Problemgrößen nicht mehr mit vertretbarem Zeitaufwand lösbar sind. Zu der Klasse $\mathcal{NP}$ gehören also die in der Praxis unlösbaren Probleme, die als $\mathcal{NP}$-schwer bezeichnet werden. (Acker 2011)

Es handelt sich bei den Einordnungen in die Klasse $\mathcal{P}$ um sogenannte Maximalprobleme, das heißt, die aufgeführten Probleme können noch in polynomieller Zeit gelöst werden, sobald sie komplexer werden, ist dies nicht mehr möglich. Bei den als $\mathcal{NP}$ klassifizierten Problemen, ist es genau umgekehrt, dort sind die einfachsten bereits $\mathcal{NP}$-vollständigen Probleme aufgelistet. Zu der ersten Gruppe gehören nur Probleme, die entweder vorgegebene Reihenfolgen besitzen (*prec*) oder Szenarien darstellen, die nicht mehr als zwei Maschinen besitzen. Damit wird klar, dass nahezu alle praxisnahen Problemstellungen zu der Gruppe der $\mathcal{NP}$-vollständigen Probleme gehören (siehe Tabelle 2).

Tabelle 2: Komplexität für verschiedene Reihenfolgeplanungsprobleme in Anlehnung an (Brucker und Knust 2012), (Klemmt 2012) und (Pinedo 2012)

Problem	Komplexität
$1 \mid p-batch \mid \sum w_i C_i$	$\mathcal{P}$
$1 \mid p_i = p; p-batch; r_i \mid \sum w_i T_i$	$\mathcal{P}$
$J \mid prec; r_i; n=2 \mid \sum w_i T_i$	$\mathcal{P}$
$J \mid prec; p_{ij}=1; r_i; n=k \mid \sum w_i U_i$	$\mathcal{P}$
$J2 \mid n=k \mid \sum w_i T_i$	$\mathcal{P}$
$J2 \mid p_{ij}=1 \mid \sum C_i$	$\mathcal{P}$
$J2 \mid p_{ij}=1; r_i \mid C_{\max}$	$\mathcal{P}$
$F \mid p_{ij}=1; r_i \mid \sum w_i T_i$	$\mathcal{P}$
$F2 \mid p_{ij}=1; prec; r_i \mid \sum C_i$	$\mathcal{P}$
$F2 \mid\mid C_{\max}$	$\mathcal{P}$
$1 \mid\mid \sum T_i$	$\mathcal{NP}$
$1 \mid p-batch \mid \sum w_i T_i$	$\mathcal{NP}$
$J2 \mid p_{ij}=1; no-wait \mid \sum C_{\max}$	$\mathcal{NP}$
$J2 \mid p_{ij}=1 \mid \sum w_i T_i$	$\mathcal{NP}$
$J2 \mid\mid C_{\max}$	$\mathcal{NP}$
$J3 \mid n=3 \mid C_{\max}$	$\mathcal{NP}$
$F2 \mid o-wait \mid \sum C_{\max}$	$\mathcal{NP}$
$F2 \mid\mid C_i$	$\mathcal{NP}$

Die Frage, ob $\mathcal{P}$ und $\mathcal{NP}$ disjunkte Mengen sind, gehört zu den wichtigsten ungelösten Problemen der Komplexitätstheorie und wurde vom Clay Mathematics Institute (CMI) in Cambridge (Massachusetts) in die Liste der Millennium Probleme aufgenommen (CMI 2012). Da in den letzten Jahrzehnten trotz intensiven Forschens für Reihenfolgeprobleme, die als $\mathcal{NP}$-vollständig klassifiziert sind, keine Algorithmen mit polynomieller Laufzeit entwickelt werden konnten, nimmt die Mehrheit der Forscher an, dass $\mathcal{P} \neq \mathcal{NP}$ gilt. Da optimale Lösungen dann eben nur für sehr kleine Instanzen berechenbar sind, wird hier in der Praxis auf nicht-optimale Heuristiken zurückgegriffen, die in vertretbarer Zeit gültige Lösungen von möglichst hoher Qualität berechnen.

In der Tabelle 2 sind einige Reihenfolgeprobleme mit ihrer Komplexität aufgelistet. Eine Erläuterung zur Klassifikation der Reihenfolgeprobleme und eine Erklärung der von Graham et al. (Graham et al. 1979) eingeführten Notation findet sich im Anhang A.1.

Hopp und Spearman veranschaulichen diese Problemkomplexität am Beispiel des Ein-Maschinen-Problems. Sollen drei Aufträge auf einer Maschine bearbeitet werden, gibt es $3 * 2 * 1 = 3! = 6$ mögliche Reihenfolgen, unter denen nach der besten Lösung bezüglich des gewählten Zielkriteriums gesucht wird. Diese Anzahl steigt rasant mit weiteren Aufträgen an, sodass beispielsweise 25 Aufträge bereits 15.511.210.043.330.985.984.000.000 mögliche Reihenfolgepläne erzeugen. Die erforderliche Rechenzeit zur Problemlösung steigt entsprechend mit der Größe des Problems an. Hopp und Spearman haben in einer Beispielrechnung gezeigt, dass sowohl ein langsames Computersystem (mit 1.000.000 Sequenzen pro Sekunde) wie ein 1.000-mal schnelleres System bereits bei 20 Aufträgen ca. 77 Jahre für die Berechnung der optimalen Lösung benötigen. (Hopp und Spearman 2011)

Betrachtet man eine Werkstattfertigung mit mehr als einer Maschine, steigt die Anzahl der möglichen Reihenfolgen auf $(N!)^M$ an, wobei N die Anzahl der Aufträge und M die Anzahl der Maschinen darstellt. Für jede Maschine ergeben sich N! verschiedene Reihenfolgen, die für jede Maschine vorhanden sind und daher muss diese Anzahl mit der Anzahl der Maschinen potenziert werden (siehe (Aufenanger 2009) und (Zäpfel und Braune 2005)). Eine Übersicht über das starke exponentielle Wachstum ist in Tabelle 3 dargestellt.

Tabelle 3: Komplexität von Reihenfolgeplanungsproblemen (nach (Aufenanger 2009))

(N, M)	Anzahl möglicher Reihenfolgepläne
(1, 1)	1
(2, 2)	4
(5, 5)	24883200000
(10, 5)	6292383221978980000000000000000
(10, 10)	$3{,}959408661224 \cdot 10^{65}$
(20, 5)	$8{,}523600464533 \cdot 10^{91}$
(20, 10)	$7{,}265176487899 \cdot 10^{183}$
(25, 10)	$8{,}062259790887 \cdot 10^{251}$
(100, 50)	$3{,}163608514963 \cdot 10^{7898}$
(100, 100)	$1{,}000841883595 \cdot 10^{15797}$

Die jeweilige Komplexität der Reihenfolgeprobleme stellt, wie die Organisationsform oder die logistischen Zielkriterien unterschiedliche Anforderungen an die Steuerungsmethode der Reihenfolgeplanung.

2.2 Anforderungen an eine Steuerungsmethode

In den heutigen Märkten findet seit einiger Zeit eine Bedeutungsverschiebung von den betriebsbezogenen hin zu marktbezogenen Zielgrößen statt (Wiendahl 2010). Dies führt dazu, dass Unternehmen immer stärker ihre Produktions- und Logistikprozesse auf kundenspezifische Zielkriterien, wie beispielweise hohe Termintreue, hin optimieren. Für Organisationsformen wie die Werkstatt- und flexible Fließfertigung stellt dies bereits im Rahmen der Reihenfolgeplanung aufgrund der hohen Komplexität eine große Herausforderung dar. Durch zunehmend komplexere Wertschöpfungsnetze gibt es eine Zunahme an komplexen, unternehmensinternen wie unternehmensübergreifenden logistischen Prozessen, die Auswirkungen auf die Produktionsplanung und -steuerung haben. Weiterhin führen die Veränderungen im Zielsystem logistischer Prozesse, wie beispielweise durch die Verrechnung intangibler Kosten oder die stärkere Berücksichtigung von ökologischen Zielen, zu komplexeren und teilweise widersprüchlichen Anforderungen an die Planungs- und Steuerungssysteme, die mit heutigen Systemen nicht mehr zu bewältigen sind (Freitag et al. 2004) (Rekersbrink 2012).

Weiterhin führen kontinuierliche technische Entwicklungen zu neuen Anforderungen. Unter dem Ansatz der Cyber-Physischen Systeme (CPS) werden neue intelligente Objekte mit Eigenschaften, wie Ad-hoc-Vernetzbarkeit, Selbstkonfiguration, dezentraler und intelligenter Datenverarbeitung untersucht. Ihr Einsatz in der Produktion als Cyber-Physisches Produktionssystem (CPPS) stellt neue Möglichkeiten innerhalb der Planung und Steuerung dar. (Reinhart et al. 2013) (Lee 2008)

Aus diesen Veränderungstreibern lassen sich Anforderungen für eine Steuerungskomponente ableiten. Diese lassen sich in fünf verschiedenen Aspekten beschreiben, die nachfolgend erörtert werden. Sie betreffen die Reduktion der Komplexität, den Dynamikaspekt, den Informationsaspekt, die Lösungsqualität und Rechenzeit.

Reduktion der Komplexität

Die bereits in Kapitel 2.1.3 beschriebene Komplexität des Reihenfolgeproblems belegt, dass die in der Praxis auftretenden Probleme in der Regel nicht in vertretbarer Zeit exakt gelöst werden können, solange $\mathcal{P} \neq \mathcal{NP}$ gilt. Die Halbleiterindustrie stellt das komplexeste und am schwierigsten zu optimierende Produktionsszenario im Bereich der Werkstatt- beziehungsweise flexiblen Fließfertigung dar. Allerdings gehören fast ausnahmslos alle kleineren und mittleren Unternehmen, zum Beispiel aus dem Anlagenbau, bereits der Klasse der $\mathcal{NP}$-vollständigen Probleme in Bezug auf die Reihenfolgeplanung an.

Weiterhin führen die veränderten Rahmenbedingungen, wie zum Beispiel die stärkere Kundenorientierung oder Veränderungen im Zielsystem, dazu, dass mehr Restriktionen in der Planung und Steuerung berücksichtigt werden müssen. Die Bewältigung beziehungsweise Reduktion dieser gestiegenen Gesamtkomplexität muss von einer Steuerungsmethode geleistet werden.

Dynamikaspekt

Die Dynamik in Produktionssystemen steigt, da beispielweise durch die rasante Entwicklung der Informations- und Kommunikationstechnologien vermehrt Informationen zur Verfügung stehen und berücksichtigt werden müssen. Anderseits treten Änderungen, Ausfälle, Prioritätsaufträge und andere Unvorhersehbarkeiten immer häufiger auf und entwickeln sich von der Ausnahme zur Regel (Freitag et al. 2004) (Scholz-Reiter et al. 2005) (Gierth 2009). Durch diese Änderungstreiber entwickelt sich die zu lösende definierte Problemstellung zu einem fortlaufend zu steuernden Prozess (Rekersbrink 2012). Für Steuerungsmethoden ist es wichtig, dass sie sich robust gegenüber typischen Dynamiken verhalten, das heißt, sie erreichen trotz auftretender Änderungen eine ähnliche Zielkriterienerfüllung.

Diese Anforderung führt weiterhin dazu, dass viele für statische Szenarien entwickelten Verfahren (optimal oder heuristisch), nur in rollierender Form, das heißt, es wird regelmäßig oder ereignisbasiert eine komplett neue Reihenfolge berechnet, eingesetzt werden können. Damit verlieren sie an Lösungsgüte, weil bereits getroffene Entscheidungen rückblickend nicht sinnvoll gewesen sind. Die Berücksichtigung der Flexibilität des Reihenfolgeplans spielt damit eine verstärkte Rolle (Branke und Mattfeld 2005).

Informationsaspekt

Einhergehend mit dem Dynamikaspekt sorgt weiterhin die steigende strukturelle Komplexität der produktionslogistischen Prozesse dafür, dass das Bereitstellen von relevanten, echtzeitnahen Informationen zu einem Zeitpunkt an einem Ort nicht unbedingt gewährleistet werden kann. Die gilt insbesondere für verteilte Produktionsstandorte oder virtuelle Unternehmensverbünde, allerdings auch für kleinere Produktionsunternehmen, bedingt durch eine heterogene Systemlandschaft und regelmäßige Erweiterungen und Änderungen. (Windt 2008) (Gierth 2009) (Rekersbrink 2012).

Rechenzeit

Wenn Änderungen oder Ausfälle auftreten, muss ein neuer Plan schnellstmöglich erstellt werden, beziehungsweise eine neue Entscheidung auf Steuerungsebene getroffen werden, die die aktuelle Situation berücksichtigt. Wird während der Berechnung beziehungsweise Anpassung eine Änderung nötig, müssen Ressourcen während dieser Zeit gesperrt werden, da vorherige Entscheidungen keine Gültigkeit mehr besitzen (Aufenanger 2009). Aus diesem Grund ist es notwendig, dass Reihenfolgeplanungs- und -steuerungsheuristiken in der Praxis nur wenig Rechenzeit verbrauchen. Aufenanger belegt diesen Effekt und zeigt an einem Beispiel auf, wie sich das Erreichen der Zielkriterien bei zu langer Anpassungszeit verschlechtern kann. (Aufenanger 2009).

Lösungsqualität

Eine weitere Anforderung an eine Steuerungsmethode ist die Qualität ihrer Lösung. Die Qualität einer Lösung bestimmt sich aus ihrer Abweichung vom optimalen Zielfunktionswert. Wegen der hohen Komplexität ist diese Anforderung gegenläufig zum Wunsch und der Notwendigkeit mit geringer Rechenzeit auszukommen. Daher gilt es für die jeweiligen produzierenden Unternehmen Heuristiken zu entwickeln, die für gutes Erreichen der angestrebten Zielkriterien unter den beschriebenen Bedingungen sorgen und dennoch in der Lage sind, echtzeitnah Entscheidungen zu treffen.

Bei der Kompromissfindung sollte weiterhin beachtet werden, dass komplizierte Fertigungssteuerungsverfahren einerseits mehr Fehlermöglichkeiten als einfache Verfahren eröffnen und sie andererseits erklärungsbedürftiger sind, was ihre Akzeptanz verringert. Weiterhin lassen sich einfache Verfahren daher auch leichter in der betrieblichen Praxis implementieren. Bei vergleichbarer Lösungsgüte ist ein einfacheres Verfahren immer vorzuziehen, bei theoretisch besseren Ergebnissen komplizierter Verfahren, bleibt abzuwägen, ob der Mehrnutzen den höheren Aufwand rechtfertigt. (Lödding 2008)

2.3 Zusammenfassung der Problemstellung

Die Reihenfolgeplanung in Unternehmen wird seit Jahrzehnten untersucht, da einerseits der Erfolg eines Produktionsunternehmens stark davon abhängt und andererseits die Komplexität sehr hoch ist. In Produktionsszenarien, wie der Werkstatt- oder flexiblen Fließfertigung, sind kontinuierlich Entscheidungen beispielweise bezüglich des Produktionsweges oder der Reihenfolge zu treffen. Die Komplexität nahezu aller praktischen Probleme gehört zu der Klasse der $\mathcal{NP}$-vollständigen Probleme und ist somit nicht in vertretbarer Rechenzeit optimal lösbar.

Verschiedene neuartige Veränderungstreiber, wie beispielsweise die rasante Entwicklung neuer Informations- und Kommunikationstechnologien oder der Wandel von Verkäufer- zu Käufermärkten, sorgen weiterhin dafür, dass sich die Anforderungen an Steuerungsmethoden verändern und zunehmen. Es müssen neue Verfahren entwickelt werden, die sich automatisch an veränderte Systemeigenschaften anpassen können, um den steigenden Dynamiken gerecht zu werden. Weiterhin sollte eine flexible Anpassung an wechselnde oder sogar konkurrierende Zielkriterien möglich sein. Steuerungsverfahren müssen in der Lage sein, mit der kontinuierlich steigenden Menge an verfügbaren Informationen umzugehen und diese sinnvoll zu berücksichtigen. Gleichzeitig sollten sie sich dennoch robust gegenüber Ausfällen oder Störungen verhalten. Des Weiteren ist es notwendig eine Reduktion der Komplexität zu erreichen, andererseits soll die Lösungsqualität ausreichend hoch sein.

Es besteht damit ein Bedarf an neuartigen Methoden zur Reihenfolgeplanung, die in der Lage sind, die veränderten Anforderungen an Steuerungsmethoden zu erfüllen. Sie sollen in der Lage sein, auch bei hoher Dynamik, einen höheren Grad der Zielkriterien zu erreichen. So lässt sich der Gesamterfolg der Industrieunternehmen steigern.

3 Analyse der Ansätze zur Reihenfolgeplanung und Regression

In diesem Kapitel wird der für diese Arbeit relevante Stand der Technik analysiert, um vorhandene Verfahren und Konzepte auf ihre Eignung für die in Kapitel 2 beschriebene Problemstellung zu untersuchen. Diese Ansätze lassen sich in optimale Verfahren und (in der Regel nicht optimale) Heuristiken unterteilen; wobei sich die Heuristiken weiter in zentrale und dezentrale Heuristiken untergliedern lassen, entsprechend des verwendeten Informationshorizonts. Weiterhin werden in diesem Kapitel Methoden des maschinellen Lernens beziehungsweise der Regression vorgestellt, da diese zur Verbesserung der Heuristiken integriert werden können.

3.1 Verfahren zur Reihenfolgeplanung

Jain und Meeran haben eine Übersicht über die verschiedenen Klassen und Ansätze zur Lösung des Reihenfolgeproblems in der Werkstatt- beziehungsweise flexiblen Fließfertigung vorgestellt (siehe Abbildung 7 (Jain und Meeran 1998)). Die Ansätze lassen sich demnach in optimierende und heuristische Verfahren unterteilen. Optimierende Verfahren berechnen optimale Lösungen, das heißt Reihenfolgepläne, die das ausgewählte Zielkriterium bestmöglich erreichen. Dies gilt allerdings nur für deterministische Problemstellungen, wo zur Zeit der Berechnung vollständige Informationen vorliegen. Viele optimierende Verfahren ignorieren, dass die meisten praxisrelevanten Problemstellungen von dynamischen Einflüssen geprägt sind (Aytug 1994).

Heuristische Verfahren garantieren in der Regel keine optimale Lösung, beanspruchen aber weniger Rechenzeit und werden daher in der Praxis häufiger eingesetzt. Sie lassen sich in konstruierende und iterative Suchverfahren unterscheiden. Zu den konstruierenden Heuristiken gehören zum Beispiel Prioritätsregeln, weil sie Lösungen generieren, ohne zuvor berechnete Teillösungen zu ändern. Ihre Teillösungen werden konstruierend zusammengesetzt. Zu den iterativen Suchverfahren oder Meta-Heuristiken gehören Simulated Annealing, Tabu Search, genetische Algorithmen oder bioanaloge Verfahren (zum Beispiel das Ameisenverfahren), die nach bestimmten Prinzipien schrittweise Lösungen absuchen und diese stufenweise verbessern (Zäpfel und Braune 2005).

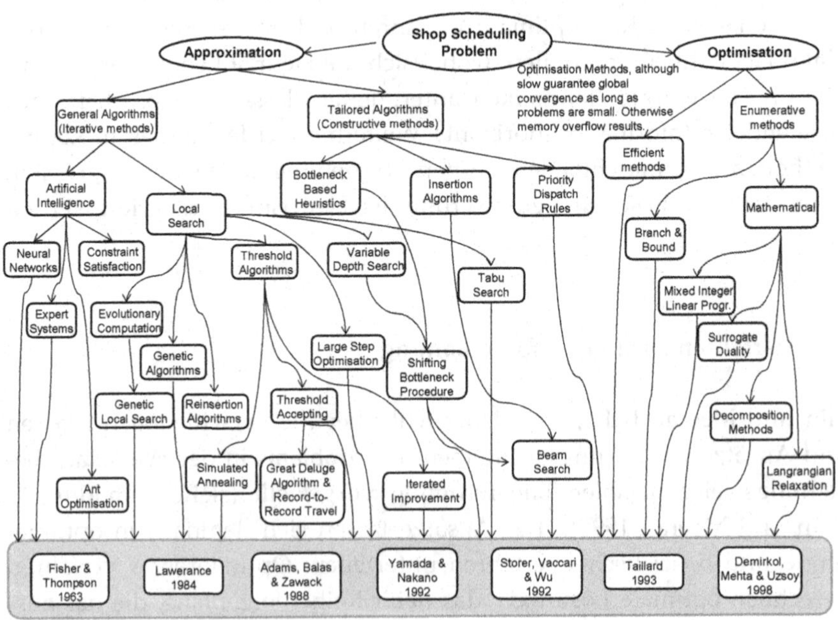

Abbildung 7: Taxonomie von Ansätzen zur Reihenfolgeplanung (nach Jain und Meeran 1998)

Weiterhin ist eine Unterteilung der Verfahren nach Zentralitäts- beziehungsweise Dezentralitätsgrad möglich. Die zentralen Verfahren wie beispielsweise die Shifting-Bottleneck Heuristik berechnen zentral einen Reihenfolgeplan für die Produktion. Dies hat den Vorteil, dass gegenseitige Abhängigkeiten besser berücksichtigt werden können, allerdings muss bei jeder auftretenden Veränderung ein neuer Gesamtplan erstellt werden. In dezentralen Steuerungssystemen werden die zu treffenden Entscheidungen dezentral verteilt und damit die Komplexität des Reihenfolgeproblems reduziert. So ist es möglich die Komplexität und die Dynamiken, denen die Produktionssysteme ausgesetzt sind, besser zu beherrschen. Zu den dezentralen Heuristiken gehören unter anderem Verfahren der Selbststeuerung (zum Beispiel (Rekersbrink 2012) (Rekersbrink et al. 2010)) oder auch Prioritätsregeln (siehe 3.1.2). Die wichtigsten Verfahren und Konzepte werden im Folgenden detailliert vorgestellt. (Scholz-Reiter et al. 2008)

3.1.1 *Optimierende Verfahren*

Das grundsätzliche Ziel der optimalen Zielkriterienerfüllung liegt nahe, schließlich sollen weder Ressourcen noch unnötig Zeit in der Produktion vergeudet werden. Aufgrund der hohen Komplexität der verschiedenen Reihenfolgeprobleme (siehe 2.1.3) gibt es keine nennenswerten praxisrelevanten Problemstellungen, die in vertretbarer Zeit gelöst werden können. Optimierende Verfahren können dennoch an verschiedenen Stellen eingesetzt werden. Einerseits, um beispielsweise die Lösungsgüte von Heuristiken anhand kleiner Szenarien einschätzen zu können, oder andererseits können sie für die Berechnung von optimalen Teillösungen eingesetzt werden, die dann zu einer in der Regel nicht optimalen Gesamtlösung zusammengesetzt werden.

Branch-and-Bound

Das Branch-and-Bound Verfahren ist eine Metaheuristik und damit nicht auf spezielle Problemstellungen beschränkt (Suhl und Mellouli 2009). Es geht auf Arbeiten von Land und Doig und im Bereich der Produktionsplanung auf Ignall und Schrage zurück (Land und Doig 1960) (Ignall und Schrage 1965). Aktuelle Arbeiten, die die Reihenfolgeplanung in der Werkstatt- beziehungsweise flexiblen Fließfertigung untersuchen, wurden von Brucker et al. sowie Ladhari und Haouari vorgestellt (Brucker et al. 1994) (Brucker et al. 2012) (Ladhari und Haouari 2006).

Im Bereich der Produktionsplanung gehört das Branch-and-Bound Verfahren zu den schnellsten optimierenden Verfahren (Brucker et al. 2012). Die Idee des Branch-and-Bound Verfahrens besteht darin, alle möglichen Lösungen anhand eines Entscheidungsbaums so geschickt zu untersuchen, dass es nicht notwendig ist, jede einzelne überprüfen zu müssen, da einzelne Lösungen aufgrund ihrer enthaltenen Teillösungen nicht die optimale Lösung darstellen können. Dazu wird eine Baumstruktur dynamisch generiert, die sämtliche möglichen Lösungen repräsentiert. Jeder Knoten repräsentiert einen partiellen Reihenfolgeplan, bei dem noch nicht alle auszuführenden Operationen eingeplant sind. Die Blätter des Baumes stellen einen vollständigen Reihenfolgeplan dar, der aus den partiellen Plänen seiner Vorgänger besteht. Das Aufteilen der Gesamtlösungsmenge in diskrete Optimierungsunterprobleme wird als „branching“ bezeichnet. Anschließend findet das „bounding“, das heißt, das Einschränken der möglichen Lösungen statt. Dazu wird eine obere Schranke (engl. upper bound) berechnet, die durch die Qualität der bisher besten Lösung bestimmt wird. Für die einzelnen Knoten des Entscheidungsbaums wird eine untere Schranke (engl. lower bound) geschätzt. Die Reihenfolge, nach der die Knoten ausgewählt werden, wird häufig mit der Tiefensuche bestimmt; alternatives Vorgehen, beispielweise durch Breitensuche, ist ebenfalls möglich. Durch das Bestimmen der unteren Schranken wird der Untersuchungsraum stetig verringert, denn sobald für einen Knoten des Entscheidungsbaums die untere Schranke die obere Schranke übersteigt, steht fest, dass die partiellen Reihenfolgepläne dieses Zweiges nicht Teil der optimalen Lösung sein können. Dabei ist wichtig, dass die Schätzung der unteren Schranken die Lösungsqualität der Lösungen nicht unterschätzen, um die Terminierung des Algorithmus zu garantieren. Die Geschwindigkeit des Verfahrens wird stark von guten oberen Schranken bestimmt, denn je höher die Qualität einer gefundenen Lösung bereits ist, umso mehr Knoten bzw. partielle Reihenfolgepläne können ausgeschlossen werden. (Brucker 2007), (Blazewicz et al. 2007) und (Aufenanger 2009)

Gemischt-ganzzahlige Optimierung

In der linearen Optimierung werden sowohl die Zielfunktion, wie auch sämtliche Restriktionen eines Optimierungsmodells aus Linearkombinationen der Entscheidungsvariablen, dargestellt. Unter Berücksichtigung von linearen Restriktionen, die durch Gleichungen oder Ungleichungen ausgedrückt werden, gilt es die Zielfunktion zu minimieren beziehungsweise zu maximieren.

In der Praxis können viele Probleme nicht ausschließlich durch kontinuierliche Variablen dargestellt werden, da beispielweise Ressourcen nicht geteilt werden können. Daher wird für einige der Variablen in einem linearen Optimierungsmodell die Bedingung der Ganzzahligkeit hinzugefügt. Diese gemischt-ganzzahligen Modelle werden MILPs (engl. mixed integer linear programming) genannt, im Gegensatz zu den kontinuierlichen (rein) linearen Optimierungsmodellen LPs (engl. linear programming). Die gemischt-ganzzahligen Modelle sind in der Regel schwer zu lösen, da es bereits für kleine Modelle eine extrem hohe Anzahl an Wertkombinationen gibt, sodass eine vollständige Aufzählung (Enumeration) in vertretbarer Zeit nicht mehr möglich ist (Suhl und Mellouli 2009). Für vereinfachte Szenarien mit beispielweise nur einer Ressource können hingegen Modelle aufgestellt und in vertretbarer Zeit berechnet werden (Scholz-Reiter et al. 2011).

Selbst wenn es möglich wäre, sehr große Probleminstanzen schnell und optimal zu lösen, würde dies nur für statische Szenarien mit großer

Planungssicherheit einen deutlichen Vorteil bedeuten, da in dynamischen Produktionsumgebungen, mit vielen Störungen, kurzfristigen Änderungen usw., häufig neue Pläne berechnet werden müssten. Diese ständigen Anpassungen führen aber dazu, dass die getroffenen Entscheidungen rückblickend nicht unbedingt gut gewesen sind und es gilt daher, eine gewisse Flexibilität innerhalb der Pläne zu bewahren, um insgesamt bessere Ergebnisse zu erzielen. (siehe 2.2 und (Branke und Mattfeld 2005))

3.1.2 *Heuristische Verfahren*

Der Begriff Heuristik geht auf das griechische Wort „heuriskein" zurück und bedeutet etwa „finden" beziehungsweise „entdecken". Heuristische Verfahren beziehungsweise Heuristiken werden eingesetzt, wenn exakte Lösungen nur schwer aufgrund der Komplexität bestimmt werden können. Reeves definiert eine Heuristik als Suchmethode, die versucht, gute (möglichst optimale) Lösungen in vertretbarer Zeit zu finden. Es wird dabei nicht garantiert, dass das Optimum erreicht wird und keine Aussage darüber gemacht, wie weit das Optimum entfernt ist. (Reeves 1996) (Zäpfel und Braune 2005)

Shifting-Bottleneck Verfahren

Das Shifting-Bottleneck Verfahren wurde von Adams et al. (1998) vorgestellt und ist eines der besten heuristischen Verfahren im Bereich der Reihenfolgeplanung innerhalb der Werkstattfertigung (Pinedo 2012) (Blazewicz et al. 2007). Es wurden verschiedene Erweiterungen des Verfahrens entwickelt, die beispielsweise für die Fließfertigung geeignet sind (Cheng et al. 2001); oder weitere Zielkriterien wie Verspätung o. ä. (Pinedo 2012) berücksichtigen.

Die Idee des Verfahrens ist es, die Probleminstanz in viele Ein-Maschinen-Probleme zu zerlegen, die dann jeweils mit einem optimierenden Verfahren optimal gelöst werden. Dabei wird angenommen, dass sich die optimalen Reihenfolgepläne der einzelnen Maschinen mit denen der optimalen Gesamtlösung weitestgehend decken (Blazewicz et al. 2007). Das Verfahren arbeitet iterativ und wählt bei jedem Schritt eine weitere Maschine aus, dessen Reihenfolgeplan berechnet wird. Es wird die Maschine selektiert, dessen auf ihr zu fertigende Aufträge die Gesamtzykluszeit am meisten erhöhen. Dabei werden vorangegangene Entscheidungen als fixiert angenommen. Diese Maschine wird als Engpassmaschine (engl. bottleneck) bezeichnet, da die vorherige Festlegung der Reihenfolge auf einer anderen Maschine zu einer weiteren der ohnehin auftretenden zusätzlichen Erhöhung der Zykluszeit führen könnte. In jedem Iterationsschritt wird der für die ausgewählte Maschine berechnete Plan, unter Berücksichtigung der bereits zuvor festgelegten Auftragsfolgen, zum Gesamtplan ergänzt, bis sämtliche Maschinen integriert worden sind. (Domschke et al. 1997)

Das Shifting-Bottleneck Verfahren eignet sich grundsätzlich gut für die Reihenfolgeplanung innerhalb der Werkstatt- und flexiblen Fließfertigung. Der Kompromiss aus Lösungsqualität und Berechnung der Lösung in vertretbarer Zeit gelingt. Mason et al. (2002) konnten zeigen, dass eine Erweiterung des Verfahrens in einem deterministischen 5 Maschinen Szenario, das an die Prozesse innerhalb der Halbleiterfertigung angelehnt ist, einfachen Prioritätsregeln leicht überlegen ist. Die Nachteile des Verfahrens sind dennoch die große Laufzeit, der hohe Parametrisierungsaufwand und der hohe Speicherbedarf, der den möglichen Zeithorizont einschränkt. Weiterhin bereiten Dynamiken, wie beispielsweise typisch auftretende Störungen in komplexen Produktionsszenarien, dem Verfahren große Schwierigkeiten, da eine schnelle Anpassung des Plans nicht möglich ist. (Mönch 2006)

Lokale Suchverfahren

Lokale Suchverfahren stellen Verbesserungsverfahren dar, die von einem vollständigen Ablaufplan ausgehen und versuchen in der Nachbarschaft des Plans einen besseren Plan bezüglich der Zielkriterien zu finden. Zwei

Pläne gelten dabei als benachbart, wenn sie sich durch eine Transformation ineinander überführen lassen. Es wird in jedem Iterationsschritt des lokalen Suchverfahrens eine Suche und Bewertung der Nachbarschaftsablaufpläne durchgeführt. Welcher Plan als nächstes ausgewählt wird, hängt von der gewählten Vorgehensweise ab. Es gibt reine Verbesserungsverfahren, die ausschließlich bessere Lösungen akzeptieren und in einem (lokalen) Optimum terminieren, und Verfahren, die zusätzlich verschlechternde Lösungen zufällig akzeptieren, um so lokale Optima wieder verlassen zu können. Die Wahrscheinlichkeit sich dem gleichen lokalen Optimum direkt oder in einer Folge von Zügen wieder zu nähern ist hoch. Daher wurden sogenannte *heuristische Metastrategien* wie Simulated Annealing oder Tabu Search entwickelt. Sie werden als Metaheuristik bezeichnet, weil das Grundprinzip der Steuerung des Suchprozesses auf eine Vielzahl von Problemstellungen angewandt werden kann. Zu den lokalen Suchverfahren zählen weiterhin bioanaloge Verfahren, wie genetische Algorithmen, Ant Colony Optimization sowie Bienenalgorithmen (Scholz-Reiter et al. 2007a) (Scholz-Reiter et al. 2008a). (Mönch 2006) (Domschke et al. 1997)

Das Simulated Annealing Verfahren simuliert das physikalische Abkühlverhalten, wie es analog in der Thermodynamik auftritt. Dort wird der Erstarrungsprozess in einem Molekülgitter so gesteuert, dass ein Zustand minimal freier Gitterenergie im Festkörper erreicht wird. Das analoge Suchverfahren sucht wie oben beschrieben die Nachbarschaft nach besseren Lösungen ab, erlaubt dabei aber mit einer gewissen Wahrscheinlichkeit eine Verschlechterung. Diese Wahrscheinlichkeit hängt von der Höhe der in Kauf zu nehmenden Verschlechterung und eines Temperaturparameters ab, der im Laufe des Verfahrens gesenkt wird. So wird dafür gesorgt, dass zu Beginn möglichst breit gesucht wird und zum Ende hin ausschließlich Verbesserungen akzeptiert werden. Implementierungen des Verfahrens wurden für die Werkstattfertigung beispielweise von Cruz-Chavez und Frausto-Solis sowie Laarhoven et al. vorgestellt. (Frausto-Solis 2004) (Laarhoven et al. 1992) (Domschke et al. 1997)

Das Tabu-Search Verfahren geht auf Glover zurück und ähnelt dem Simulated Annealing Verfahren (Glover 1989) (Glover und Laguna 1997). Beim Tabu-Search wird in jedem Iterationsschritt die beste Nachbarlösung ausgewählt, auch wenn sie eine Verschlechterung darstellt. Es wird anstatt eines Temperaturparameters mit einer Tabuliste gearbeitet, auf der bereits untersuchte Lösungen gespeichert werden und für die nächsten Iterationsschritte auf „tabu" gesetzt werden, um so kurze Zyklen zu verhindern. Nach einer gewissen Zeit, bzw. einer Anzahl an Zügen, werden Lösungen wieder erlaubt. Während des Verfahrens werden die besten Lösungen gespeichert und das Verfahren terminiert nach einer festgelegten Anzahl von Rechenschritten. Zhang et al. haben ein Tabu-Search Verfahren für die Werkstattfertigung vorgestellt (Zhang et al. 2007). (Domschke et al. 1997)

Genetische Algorithmen zählen zu den evolutionären Algorithmen, die von der Evolutionstheorie inspiriert wurden. Es wird dabei versucht den biologischen Prozess der Evolution auf kombinatorische Optimierungsprobleme anzuwenden (Holland 1975). Dazu werden mögliche Lösungskandidaten (Individuen) zu einer Population zusammengefasst. Anschließend werden die Grundmechanismen des Evolutions- beziehungsweise Fortpflanzungsprozesses auf dieser Population in vielen Iterationsschritten nachgeahmt. Dazu werden zuerst Individuen aus der Population selektiert und anschließend mit anderen Individuen gekreuzt. Weiterhin findet eine zufällige Mutation einzelner Individuen statt. In jedem Iterationsschritt wird eine Bewertung der neuen Individuen durchgeführt und ihr sogenannter Fitnesswert bestimmt. Individuen mit hohem Fitnesswert, das heißt guter Lösungsqualität, werden in die neue Population übernommen. Die Idee ist, durch das Rekombinieren und Mutieren von guten Lösungen zu noch besseren Lösungen zu gelangen. Da die grundlegenden Mechanismen stochastisch geprägt sind, wird das Verfahren als nicht-deterministisch bezeichnet. Anwendungen für die Reihenfolgeplanung innerhalb der Produktion wurden beispielsweise von Zhou et al. (2009) sowie Manikas und Chang (2009) vorgestellt. Genetische Algorithmen werden weiterhin in Szenarien eingesetzt, in denen mehrere Ressourcen, zum Beispiel Maschinen und Mitarbeiter, einge-

plant werden müssen. Mati und Xie setzen einen genetischen Algorithmus in Kombination mit einem Greedy-Verfahren ein (Mati und Xie 2007). Patel et al. vergleichen und kombinieren einen genetischen Algorithmus mit Prioritätsregeln in einem Szenario mit zwei Ressourcengruppen. (Patel et al. 1999) (Whitley 1994) (Zäpfel und Braune 2005)
Lokale Suchverfahren sind grundsätzlich in der Lage, Reihenfolgepläne für die Werkstatt- beziehungsweise flexible Fließfertigung zu berechnen. Nachteile dieser Verfahren sind ihr relativ großer Rechenaufwand und das Problem, dass sie, nachdem sie ein lokales Optimum gefunden haben, dieses nur schwierig verlassen können. Weiterhin sind sie nur in der Lage, Gesamtpläne zu berechnen und können daher nicht auf plötzlich auftretende Änderungen reagieren. Aus den genannten Gründen erfüllen sie nicht die Anforderungen für die untersuchte Problemstellung.

Klassische Prioritätsregeln

Prioritätsregeln stellen eine vergleichsweise simple Heuristik für die Bestimmung von Reihenfolgeplänen dar. Sie werden dezentral eingesetzt und bestimmen lokal an jeder Maschine welcher Auftrag als nächstes bearbeitet werden soll. Dazu wird aufgrund lokal vorhandener Informationen, wie zum Beispiel der Bearbeitungszeit, des Fertigstellungszeitpunkts oder der Ankunftsreihenfolge, eine Priorität für jeden einzelnen wartenden Auftrag berechnet. Diese Priorität bestimmt dann die Bearbeitungsreihenfolge der Aufträge. Prioritätsregeln werden sowohl wegen ihrer guten Verständlichkeit als auch wegen ihrer guten Leistung häufig in der Praxis eingesetzt. Gerade in sehr komplexen Produktionsszenarien, wie beispielsweise der Halbleiterfertigung, sind sie wegen ihres geringen Rechenzeitbedarfs und ihrer Echtzeitfähigkeit sehr beliebt (Rose 2002). Im Laufe der Jahrzehnte sind verschiedene Übersichten über die Entwicklungen und verschiedenen Vorschläge für Prioritätsregeln entstanden (Panwalkar und Iskander 1977) (Blackstone et al. 1982) (Haupt 1989) (Rajendran und Holthaus 1999).

Es hat sich dennoch nach Jahren intensiven Forschens keine Regel finden lassen, die alle anderen Regeln übertrifft, wenn sich Szenarien, Systemzustände und Zielkriterien ändern (Haupt 1989), (Rajendran und Holthaus 1999). Die Performance der, in der Regel manuell entwickelter Regeln, konnte erfolgreich durch neue Ansätze zur automatischen Generierung von Prioritätsregeln verbessert werden (Geiger et al. 2006), (Geiger und Uzsoy 2008), (Hildebrandt et al. 2010) (Pickardt et al. 2012). Allerdings verlieren die Regeln ihre Übersichtlichkeit und Einfachheit, das dazu führt, dass ihr Verhalten nicht direkt nachvollzogen werden kann. Es wird daher schwieriger beispielsweise zu überprüfen und zu verhindern, dass in ungünstigen Konstellationen Aufträge nicht beachtet werden („verhungern"). Grundsätzlich sind diese automatisch generierten Regeln zwar robuster in Bezug auf verschiedene Zielkriterien und daher flexibler einsetzbar als sehr einfache Standardregeln, allerdings ist es auch mit diesem Vorgehen nicht möglich, eine Regel zu entwickeln, die in allen Szenarien andere Regeln übertrifft. Dies ist grundsätzlich nicht möglich, ohne der Regel sämtliche verfügbaren Informationen über das System und die Aufträge usw. zur Verfügung zu stellen. Dann würde das Planungsproblem allerdings nicht mehr in viele Einzelprobleme zerlegt, sondern jede Regel würde das globale, $\mathcal{NP}$-vollständige Problem lösen, was der Grundidee der Prioritätsregeln im Ansatz widerspräche.

Im Folgenden wird eine Übersicht über bekannte und häufig verwendete Prioritätsregeln gegeben. (Panwalkar und Iskander 1977) (Blackstone et al. 1982) (Haupt 1989) (Rajendran und Holthaus 1999)

SPT *– Shortest Processing Time First.*

Die SPT-Regel wählt den Auftrag aus der Warteschlange aus, der die kürzeste Bearbeitungszeit für die aktuelle Operation besitzt. Damit verfolgt sie das Ziel, die Durchlaufzeit der Aufträge zu minimieren. In den oben genannten Studien konnte weiterhin gezeigt werden, dass SPT die Gesamtverspätung der Aufträge reduzieren kann, wenn viele der Aufträge ihren Fälligkeitstermin nicht einhalten können.

EDD *– Earliest Due Date.*

Die EDD-Regel bevorzugt die Aufträge, deren Fälligkeitstermin am dringendsten ist. Damit wird versucht, die Verspätung aller Aufträge zu verringern. Im Gegensatz zu SPT erreicht sie dies auch bei geringen Systemauslastungen, wenn sich nur wenige Aufträge verspäten.

FSFO *– First in System First Out.*

Diese Regel wählt den Auftrag als nächstes aus, der sich am längsten im System befindet. Diese Regel führt zwar in der Regel zu keiner besonders guten Zielkriterienerreichung, wird allerdings aus menschlicher Sicht als besonders fair empfunden und intuitiv angewendet. Sie dient in Studien häufig als Vergleichsregel oder als Tiebreaker, wenn eine andere Regel zwei oder mehreren Aufträgen den gleichen Prioritätswert gibt.

FBFO *– First in Buffer First Out.*

Die FBFO-Regel ähnelt der FSFO-Regel stark. Sie betrachtet allerdings nur die Ankunftszeit in der aktuellen Warteschlange.

(W)MOD *– (Weighted) Modified Operation Due Date.*

Die MOD-Regel sortiert die Aufträge nach dem Fälligkeitstermin der aktuellen Operation ($d_{i,imt}$) abzüglich der aktuellen Zeit t beziehungsweise nach der Bearbeitungszeit der aktuellen Operation ($p_{i,imt}$), je nach dem was von beiden größer ist. Damit arbeitet die MOD-Regel ähnlich der EDD-Regel, wenn bei keinem der Aufträge die Gefahr besteht, dass sein Fälligkeitstermin nicht eingehalten werden kann. Ist dies für viele der Aufträge der Fall, arbeitet MOD ähnlich der SPT-Regel, um so die Durchlaufzeiten zu verkürzen. Weiterhin kann in der erweiterten WMOD Version das Gewicht W_i der Aufträge berücksichtigt werden (Vig und Dooley 1991):

$$WMOD_i = \frac{1}{W_i}\max(p_{i,imt}, d_{i,imt} - t) \tag{3.1}$$

***ECR** – Enhanced Critical Ratio.*

Die ECR-Regel wählt einen der wartenden Aufträge nicht (nur) aufgrund seiner eigenen Informationen aus, sondern berücksichtigt den Einfluss der Wahl eines Auftrags auf die übrigen wartenden Aufträge [Chiang und Fu, 2009]. Das Ziel dabei ist es, die Gesamtdringlichkeit der Aufträge zu minimieren. Die Dringlichkeit eines Auftrages bemisst sich anhand der Zeit bis zu seinem Fälligkeitstermin geteilt durch seine verbleibende Bearbeitungszeit. Wenn nun ein Auftrag ausgewählt wird, verkürzt sich die Zeit bis zum Fälligkeitstermin der übrigen Aufträge um die Bearbeitungszeit und ggf. benötigte Rüstzeit des ausgewählten Auftrags und damit steigt die Dringlichkeit aller nicht berücksichtigten Aufträge.

$$\begin{aligned} ECR_i = \sum_{k \in Q, i \neq k} & urg\left(r_k, d_k - t - s_{b^* i^*} - p_i - s_{i^* k^*}\right) + \\ & urg\left(r_i - p_i, d_i - t - s_{b^* i^*} - p_i\right) \end{aligned} \tag{3.2}$$

$$\text{mit } urg(r,a) = \begin{cases} \left(r/a\right)^2, & a \geq r \geq 0, \\ B + D(r-a), & a < r, \\ 0, & r = 0. \end{cases}$$

Der letzte bearbeitete Auftrag wird mit b bezeichnet, t ist die Zeit, die für die Entscheidungsfindung benötigt wird, Q stellt die Warteliste der Aufträge dar, d ist der Fälligkeitstermin des Auftrags, r bezeichnet die Summe der noch anstehenden Operationen, $S_{x,y}$ definiert die benötigte Rüstzeit, um Operation y nach Operation x auf dieser Maschine zu starten, und p definiert die Bearbeitungszeit. Weiterhin haben Chiang und Fu festgestellt, dass die ECR-Regel ungewolltes Verhalten zeigt, wenn Aufträge eine sehr hohe oder sehr niedrige Dringlichkeit besitzen; und schlagen dazu einen Filter vor, sodass nur Aufträge ausgewählt werden können, deren Dringlichkeit in einem definierten Intervall [*L*, *U*] liegt. Die beiden Paramater *B* und *D* wurden eingeführt, um sicherzustellen, dass die Dringlichkeit eines Auftrags nicht sinkt, wenn seine Verspätung ansteigt. Um die Regel sinnvoll einzusetzen, ist eine Optimierung der Parameter unbedingt notwendig. (Chiang und Fu 2009)

LSR – *Least Remaining Slack.*

Mit der LRS-Regel werden die Aufträge höher priorisiert, deren Zeit bis zum Fälligkeitstermin abzüglich der verbleibenden Bearbeitungszeit und in der Regel abzüglich der aktuellen Systemzeit am geringsten ist. Die LSR-Regel wird häufig auch als Teilkomponente komplexerer Regeln verwendet, um Verspätungen zu minimieren. (Panwalkar und Iskander 1977) (Blackstone et al. 1982)

2PTPlusWINQPlusNPT – *2 · Processing Time + Work in Next Queue + Next Processing Time.*

Holthaus und Rajendran haben eine weitere Prioritätsregel vorgestellt, die sich von anderen Regeln unter anderem dadurch unterscheidet, dass sie die Warteschlangenlänge an den nachfolgendenden Maschinen der Aufträge berücksichtigt. Sie berücksichtigt damit einen erweiterten Informationshorizont und kann so bessere Ergebnisse erzielen. Im Einzelnen berücksichtigt sie zur Prioritätsbestimmung, die (zweifache) Bearbeitungszeit an der aktuellen Maschine (2 PT), die voraussichtliche Wartezeit an der nachfolgenden Maschine (WINQ) und die Bearbeitungszeit an der nachfolgenden Maschine (NPT). Die Studie hat gezeigt, dass die 2PTPlusWINQPlusNPT-Regel sehr gute Ergebnisse insbesondere bei der

Optimierung der durchschnittlichen Durchlaufzeit liefert. (Holthaus und Rajendran 2000)

***ATC** – Apparent Tardiness Cost.*

Vepsalainen und Morton haben die ATC-Regel vorgestellt, dessen Verhalten durch einen Parameter k_1 vom Anwender angepasst werden kann:

$$ATC_j := \frac{w_j}{p_j} \exp\left(-\frac{\max\left(d_j - p_j - t, 0\right)}{k_1 \overline{p}} \right) \tag{3.3}$$

Es stellt dabei w_j das Gewicht des Auftrags j, p_j seine Bearbeitungszeit, d_j seinen Fälligkeitstermin, t den Zeitpunkt der Entscheidungsfindung und $\overline{p}$ die durchschnittliche Bearbeitungszeit der wartenden Aufträge dar. Der Skalierungsfaktor k_1 beeinflusst das Verhalten der Regel und sollte passend zum Einsatzgebiet bestimmt werden. Vepsalainen und Morten stellten in ihrer Untersuchung eines einstufigen Produktionsszenarios mit parallelen Maschinen fest, dass sich die geeignetsten Werte für k_1 zwischen 1 und 3 befinden. Wird k_1 sehr groß, verhält sich die ATC-Regel ähnlich der (Weighted) Shortest Processing Time-Regel (WSPT). Wird der Parameter k_1 sehr klein gewählt und maximal ein Auftrag hat seinen Fälligkeitstermin bereits überschritten, dann verhält sich die ATC-Regel ähnlich der Least Slack Remaining-Regel (LSR). Sind mehrere Aufträge bereits überfällig, verhält sich ATC ähnlich der WSPT-Regel berücksichtigt aber quasi nur die überfälligen Aufträge. (Vepsalainen und Morton 1987) (Lee et al. 1997)

***ATCS** – Apparent Tardiness Cost with Setups.*

Lee et al. haben eine Erweiterung der ATC-Regel speziell für Szenarien mit Rüstzeiten entwickelt, da die ATC-Regel Aufträge mit längeren Rüstzeiten tendenziell bevorzugt, was so in der Regel zu schlechter Erreichung der Zielkriterien führt. Dazu haben sie einen zweiten Skalierungsfaktor k_2 eingeführt, der ebenfalls vom Anwender passend zum aktuellen Szenario bestimmt werden muss.

$$ATCS_j := \frac{w_j}{p_j} \exp\left(-\frac{\max\left(d_j - p_j - t, 0\right)}{k_1 \overline{p}} \right) \exp\left(-\frac{s_j}{k_2 \overline{s}} \right) \tag{3.4}$$

Gegenüber Gleichung (3.3.) sind die Parameter s_j für die Rüstzeit der Operation auf der aktuellen Maschine und $\overline{s}$ für die durchschnittliche Rüstzeit der Aufträge hinzugekommen. Weiterhin wurde ein zweiter Skalierungsfaktor k_2 definiert, der festlegt, wie stark die Rüstzeiten die Prioritätsbestimmung beeinflussen. Lee und Pinedo konnten zeigen, dass ATCS in einem Produktionsszenario mit parallelen Maschinen und engen Fälligkeitsterminen nahezu optimale Ergebnisse in Bezug auf gewichtete Verspätung erreichen konnte (Lee und Pinedo 1997). Grundsätzlich ist es wichtig, für das aktuelle Szenario geeignete Werte für die Skalierungsfaktoren k_1 und k_2 zu bestimmen, da sie die Leistungsfähigkeit der Regel stark bestimmen. (Lee et al. 1997) (Mönch 2007) (Pickardt und Branke 2011)

Prioritätsregeln sind für den Einsatz in der Reihenfolgeplanung in Werkstatt- oder flexibler Fließfertigung sehr gut geeignet, insbesondere in hochkomplexen Produktionsszenarien mit häufig auftretenden Störungen, da sie durch ihr dezentrales Vorgehen, flexibel und zeitnah mit Änderungen umgehen können. Ihr Nachteil besteht darin, dass sie klassischerweise ausschließlich lokale Informationen verwenden und einzelne Regeln daher nur für bestimmte Systemzustände und Zielkriterien eine gute Performance liefern.

3.2 Maschinelles Lernen und Regressionsmethoden

Die Qualität von Prioritätsregeln oder ähnlichen Heuristiken kann durch den Einsatz von Verfahren der künstlichen Intelligenz verbessert werden, indem beispielweise Entscheidungen mithilfe wissensbasierter Systeme getroffen oder Parameter von Steuerungsregeln für die jeweilige Situation angepasst werden. Priore et al. (2001) haben dazu eine Übersicht über Ansätze erstellt, die maschinelles Lernen einsetzen, um die prioritätsregelbasierte Reihenfolgeplanung in flexiblen Produktionsszenarien zu verbessern. Es gibt eine Reihe verschiedener Methoden des maschinellen Lernens, die in diesem Anwendungsgebiet infrage kommen. Dazu zählen Regressionsmethoden, zu denen neuronale Netze (Schröder 2010) oder Gaußsche Prozesse (Rasmussen und Williams 2006) gehören, oder Klassifikationsverfahren wie beispielsweise Entscheidungsbäume (Mitchell 2010) oder Bayes-Klassifikatoren (Mitchell 2010).

Die Regressionsanalyse ist ein sehr vielseitiges und flexibles Analyseverfahren, das sowohl für Beschreibungen und Erklärungen von Zusammenhängen als auch für die Durchführungen von Prognosen von großer Bedeutung ist (Backhaus et al. 2008). Methoden des überwachten Lernens, wie sie zum Beispiel für Regressionsmodelle verwendet werden, zielen darauf ab, Abhängigkeiten zwischen Variablen zu identifizieren und das so gewonnene Verständnis über den datengenerierenden Prozess zur Vorhersage zu nutzen (Kuss 2006).

3.2.1 *Lineare Regression*

Problemstellungen aus dem Bereich der Regressionsanalyse besitzen die wesentliche Gemeinsamkeit, dass Eigenschaften einer *Zielvariablen* y in Abhängigkeit von *Kovariablen* $x_1,...,x_k$ beschrieben werden. Die Zielvariable wird auch als *abhängige* Variable und die Kovariablen werden als *erklärende Variablen* oder *Regressoren* bezeichnet. In den meisten Fällen innerhalb der Regressionsanalyse ist der Zusammenhang zwischen der Zielgröße y und den erklärenden Variablen nicht durch eine exakte Funktion gegeben, sondern wird von Störungen überlagert. Damit kann sie als Zufallsvariable angesehen werden, deren Verteilung von den erklärenden Variablen abhängt. Das Hauptziel der Regressionsanalyse besteht also darin, den Einfluss der erklärenden Variablen auf den Mittelwert der

Zielgröße zu untersuchen. Der bedingte Erwartungswert kann wie folgt modelliert werden: (Fahrmeir et al. 2007) (Fahrmeir et al. 2009)

$$\mathrm{E}\left(y \mid x_1,\ldots,x_k\right) = f\left(x_1,\ldots,x_k\right) \tag{3.5}$$

Dies lässt sich weiter zerlegen und um einen Fehlerterm ε ergänzen:

$$y = \mathrm{E}\left(y \mid x_1,\ldots,x_k\right) + \varepsilon = f\left(x_1,\ldots,x_k\right) + \varepsilon \tag{3.6}$$

Ziel der Regressionsanalyse ist es, die systematische Komponente $f\left(x_1,\ldots,x_k\right)$ aus den gegebenen Daten $y_i, x_{i1},\ldots,x_{ik},\ i=1,\ldots,n$ zu schätzen und von der stochastischen Komponente ε zu trennen. Es soll ein möglichst großer Anteil an der Variabilität in den Daten funktionell erklärt werden und sich möglichst wenig auf den Fehlerterm zurückführen lassen. Die einfachste und bekannteste Klasse ist die der *linearen Regressionsmodelle*

$$y = \beta_0 + \beta_1 x_1 + \ldots + \beta_k x_k + \varepsilon \tag{3.7}$$

bei denen angenommen wird, dass *f* eine lineare Funktion darstellt, sodass

$$\mathrm{E}\left(y \mid x_1,\ldots,x_k\right) = f\left(x_1,\ldots,x_k\right) = \beta_0 + \beta_1 x_1 + \ldots + \beta_k x_k \tag{3.8}$$

gilt. Für die Zielvariable y_i und die erklärende Variable x_i liegen *n* Beobachtungen als Lerndaten vor. Wenn diese in die resultierenden *n* Gleichungen eingesetzt werden, erhält man

$$y_i = \beta_0 + \beta_1 x_{i1} + \ldots + \beta_k x_{ik} + \varepsilon_i,\quad i=1,\ldots,n \tag{3.9}$$

mit den Regressionskoeffizienten $\beta_0, ..., \beta_k$. In diesem linearen Regressionsmodell wirkt jede einzelne Variable linear auf *y* ein, wobei die einzelnen Kovariablen aufsummiert werden. Im *einfachen linearen Regressionsmodell*

$$y = \beta_0 + \beta_1 x + \varepsilon \tag{3.10}$$

hat man nur eine Kovariable. Veranschaulichen kann man sich diesen Fall als eine *Ausgleichsgerade,* die durch eine bekannte Punktwolke gelegt wird und eine Steigung und einen dazugehörigen Achsenabschnitt besitzt. Die besten Werte für β_0 und β_1 werden so bestimmt, dass in der Regel die quadrierten Differenzen zwischen den beobachteten und den prognostizierten Werten minimiert werden. (Fahrmeir et al. 2007) (Fahrmeir et al. 2009) (Kohn und Öztürk 2011)

Gut einsetzen lässt sich das lineare Regressionsmodell, wenn die Zielvariable stetig und möglichst approximativ verteilt ist. Komplexere Regressionsmodelle werden benötigt, wenn beispielsweise die Zielvariable binär ist, Effekte von Kovariablen flexibel und nichtlinear einzubeziehen sind. (Fahrmeir et al. 2007) (Fahrmeir et al. 2009) (Kohn und Öztürk 2011)

3.2.2 *Künstliche neuronale Netze*

Künstliche neuronale Netze wurden in den 1940er Jahren vorgestellt. Hebb stellte die nach ihm benannte *hebbsche* Lernregel auf, die das Lernen in neuronalen Netzen beschreibt und für fast alle neuronalen Lernverfahren die allgemeine Form darstellt (Hebb 2002). Künstliche neuronale Netze sind eine Abstraktion des menschlichen Gehirns und bilden die Neuronen beziehungsweise Perzeptronen nach. Es gibt eine Reihe verschiedener Netztypen; die größte Bedeutung haben die Multi-Layer-Perzeptronen Netze (MLP) gewonnen. Die Neuronen besitzen Eingänge sowie einen Ausgang, über die sie miteinander zu einem Netz verbunden sind. Die Eingänge besitzen Gewichte und werden im Neuron aufsummiert. Zusätzlich wird ein Bias-Wert hinzuaddiert, der die Gewichtung des Knotens definiert. Eine nichtlineare Transferfunktion bildet den Summenausgang nichtlinear auf den Neuronenausgang ab. Dazu werden am häufigsten sigmoide Transferfunktionen verwendet, da diese es dem Neuron ermöglichen, sowohl auf Signale kleiner Amplitude wie auch auf Signale mit großer Amplitude zu reagieren. Die MLP-Netze bestehen in der Regel aus mehreren Schichten. Die Ein- und Ausgangschichten sind dabei sichtbar und die beliebig vielen Zwischenschichten (engl. hidden layer) bleiben versteckt. (Schröder 2010) (Russell und Norvig 2010) (Görz 2003)

Neuronale Netze besitzen die Fähigkeit, anhand von Trainingsdaten unbekannte Zusammenhänge zu approximieren, nachdem sie mithilfe von Trainingsdaten dieses *Wissen* gelernt haben. Sie besitzen eine Reihe von unterschiedlichen Parametern, die während der Lernphase eingestellt werden müssen. Unter dem Begriff „Lernen" versteht man in Bezug auf neuronale Netze also die Modifikation dieser Parameter, sodass eine bessere Übereinstimmung zwischen erwünschter und tatsächlicher Ausgabe des neuronalen Netzes erreicht werden kann. Zu den Parametern gehört einerseits die Art und Topologie des Netzes, dies kann beispielweise ein MLP-Netz mit einer versteckten Schicht, die eine bestimmte Anzahl an Knoten besitzt, sein. Anderseits müssen die Gewichte und die Bias-Werte bestimmt werden. Dieser Prozess ist eine schwierige sowie zeitintensive Aufgabe und erfordert viel Wissen über die zu lösende Problemstellung. In der Praxis bietet es sich an, verschiedene Topologien und Parametereinstellungen zu testen. (Schröder 2010) (Aufenanger 2009)

Es gibt verschiedene Arten des maschinellen Lernens, zu denen das sogenannte *überwachte Lernen* zählt. Dabei wird dem Lernverfahren zu jedem Eingangssignal das zugehörige Ausgangssignal angegeben. Ziel ist es für das Lernverfahren, die Parameter des Modells so anzupassen, dass es nach Abschluss der Lernphase die Assoziation zwischen Ein- und Ausgang selbstständig auch für unbekannte, ähnliche Eingangssignale vornehmen kann. Das überwachte Lernen stellt üblicherweise die schnellste Art des Lernens dar, um ein neuronales Netz zu trainieren. Die Adaption der Gewichte des neuronalen Netzes wird mit dem Gradientenabstiegsverfahren durchgeführt. Ziel des Verfahrens ist die Minimierung des quadratischen Ausgangsfehlers, der die Differenz aus vorgegebenem Wert und Ausgangswert des neuronalen Netzes darstellt. Es findet ein iteratives Verfahren statt, bis das neuronale Netz das gewünschte Verhalten zeigt. Die konkrete Adaption der Gewichte erfolgt mithilfe der sogenannten Fehlerrückführungsregel (engl. back propagation). Dazu werden bekannte Werte vorwärts durch das Netz geschickt (propagiert) und anschließend wird der Ausgangsfehler rückwärts vom Netzausgang durch das Netz zurückgerechnet. Die verantwortlichen Gewichte und Bias-Werte können so je nach Einfluss geändert werden. (Schröder 2010) (Russell und Norvig 2010)

Neuronale Netze werden seit Jahrzehnten untersucht und stetig verbessert. Sie sind gut für die nichtlineare Regression geeignet, da sie in der Lage sind, jede sowohl kontinuierliche wie nicht kontinuierliche Funktion zu approximieren. Problematisch ist allerdings die Parametervielfalt, da das Einstellen auf eine bestimmte Problemstellung eine sehr zeitintensive und komplexe Aufgabe darstellt. Weiterhin ist Ihre Adaptierbarkeit an Änderungen aufwendig, da diese das gesamte Netz beeinflussen und nicht punktuell durchgeführt werden können. Die Laufzeit der neuronalen Netze steigt mit der Anzahl der verwendeten Merkmale, da mehr Neuronen benötigt werden und somit die nötige Anpassung der Gewichte aufwendiger wird. Der Lernprozess ist im Vergleich zu anderen Regressionsverfahren deutlich aufwendiger. Neuronale Netze geben keine Prognosequalitätsschätzung ab, das heißt, sie geben Schätzwerte für unbekannte Funktionswerte zurück, allerdings ohne anzugeben, wie gut diese Schätzwerte sind. (Russell und Norvig 2010) (Ertel 2009) (Aufenanger 2009)

3.2.3 Gaußsche Prozesse Regression

Gaußsche Prozesse (GP) stellen ein kernbasiertes Lernverfahren dar. Mithilfe einer sogenannten Kernfunktion (engl. kernel) können selbst hochdimensionale Daten effizient verarbeitet werden (Toussaint et al. 2010). Kernbasierte Lernverfahren bieten den Vorteil, dass viele Fragestellungen im Bereich des Lernens vergleichsweise einfach mathematisch formuliert und untersucht werden können. Die Qualität dieser Verfahren hängt stark von der Auswahl des Kerns ab. Bei GPs wird die verwendete Kovarianz Funktion als Kern bezeichnet. Ihre weiteren Eigenschaften werden durch die sogenannten Hyperparameter bestimmt, die die Parameter der Kovarianz Funktion darstellen. Mit einer zusätzlichen Trainingsdatenmenge kann so ein Regressionsmodell erstellt werden. (Rasmussen 1996), (Rasmussen und Williams 2006)

Rasmussen und Williams definieren einen GP als Sammlung von Zufallsvariablen beliebiger Anzahl, die eine gemeinsame Gaußsche Verteilung besitzen: „A Gaussian process is a collection of random variables, any finite number of which have a joint Gaussian distribution." Um einen GP eindeutig zu spezifizieren, werden eine Erwartungswertfunktion (engl. mean function (nach Rasmussen und Williams (2006))) und eine Kovarianzfunktion benötigt. Die Erwartungswertfunktion $m(x)$ und die Kovarianzfunktion $k(x,x')$ eines reelwertigen Prozesses $f(x)$ werden wie folgt definiert (Rasmussen und Williams 2006):

$$m(x) = \mathrm{E}\left[f(x)\right] \tag{3.11}$$

$$k(x,x') = \mathrm{E}\left[\left(f(x) - m(x)\right)\left(f(x') - m(x')\right)\right] \tag{3.12}$$

Und der daraus folgende GP ist definiert als:

$$f(x) \sim \mathcal{GP}\left(m(x), k(x,x')\right) \tag{3.13}$$

Zur Vereinfachung wird häufig $m(x) = 0$ angenommen (Rasmussen und Williams 2006); vielfach wird alternativ eine lineare Erwartungswertfunktion verwendet (Kracker 2011). Weiterhin gilt es, eine Kovarianz Funktion auszuwählen, die für die zu lernende Funktion gut geeignet ist. Es gibt eine Reihe verschiedener Kovarianz Funktionen, von denen die quadratische Exponentialfunktion (engl. squared exponential) häufige Verwendung findet (Plagemann et al. 2008). In Gleichung (3.14) ist beispielhaft die quadratische Exponentialfunktion abgebildet. Sie enthält drei Hyperparameter, zu denen die Signalvarianz σ_f^2 (engl. signal variance), die Rauschvarianz σ_n^2 (engl. noise variance) und der Längenskala-Faktor l (engl. length-scale) gehören.

$$k_y\left(x_p, x_q\right) = \sigma_f^2 \exp\left(-\frac{1}{2l^2}\left(x_p - x_q\right)^2\right) + \sigma_n^2 \delta_{pq} \tag{3.14}$$

Dies gilt für den eindimensionalen Fall, im mehrdimensionalen Fall gibt es für jede Dimension einen eigenen Längenskala-Faktor. Rasmussen und Williams beschreiben die Längenskala-Faktoren informell so: „how far do you need to move (along a particular axis) in input space for the function values to become uncorrelated". Die Längenskala-Faktoren beschreiben also, wie stark der Einfluss von Trainingsdaten auf einen Punkt innerhalb einer Achse abhängig von der Entfernung ist. Daher ist es an dieser Stelle sinnvoll, automatisch die Relevanz der Daten auf den verschiedenen Dimensionen (engl. automatic relevance detection (ARD)) zu bestimmen (Neal 1996). Das Inverse des Längenskala-Faktors gibt die Relevanz der Trainingsdaten an, ein hoher Wert sorgt somit dafür, dass die Schätzung nahezu unabhängig von diesen Werten wird. So ist es mit ARD möglich irrelevante Daten aus der Trainingsmenge zu entfernen (Rasmussen und Williams 2006).

Für die Trainingsdaten wird in der Regel ein Fehler beziehungsweise Rauschen angenommen. Für dieses Rauschen gilt, dass es additiv, unabhängig und normalverteilt ist. Die Rauschvarianz wird durch den Hyperparameter σ_n^2 beschrieben. (Rasmussen und Williams 2006) (Kracker 2011) (Pastuszka 2011)

Die quadratische Exponentialfunktion gehört zu den stationären (engl. stationary) Kovarianz Funktionen, die konstante Längenskala-Faktoren über den gesamten Eingaberaum annehmen. Es wird damit angenommen, dass gleichweit entfernte Datenpunkte den gleichen Einfluss haben. Eine weitere Gruppe von stationären Kovarianz Funktionen stellen die der Matérn Klasse dar. Nach Stein (1999) sind für das Modellieren von physikalischen Prozessen die Kovarianz Funktionen der Matérn-Klasse in der Regel vorzuziehen. Nicht-stationäre Kovarianz Funktionen wurden beispielsweise von Plagemann et al., Rasmussen und Williams sowie Paciorek und Schervish vorgestellt. (Paciorek und Schervish 2004) (Rasmussen und Williams 2006) (Plagemann et al. 2008)

Nachdem eine Kovarianzfunktion bestimmt worden und damit eine grobe Aussage über die Relation zwischen den Trainingsdaten getroffen worden ist, müssen deren Hyperparameter bestimmt werden. Dies stellt das eigentliche Lernen dar und wird in der Regel mit der Maximum-Likelihood-Methode durchgeführt. Die Hyperparameter werden damit so ausgewählt, dass die Wahrscheinlichkeit, dass sie zu den bekannten Trainingsdaten passen, maximiert wird. Das Verfahren kann bei der Gaußsche Prozesse Regression angewendet werden, da sie eine Kollektion von Zufallsvariablen darstellen und sich ihre Wahrscheinlichkeitsdichte entsprechend der multivariaten Gaußverteilung bestimmt. (Blobel und Lohrmann 2012) (Rasmussen und Williams 2006) (Pastuszka 2011) (Kracker 2011)

In Abbildung 8 ist ein Regressionsbeispiel mithilfe eines Gaußschen Prozesses dargestellt. Verwendet wurde dazu als Kern die quadratische Exponentialfunktion. Zehn verrauschte Eingabewerte (+) werden als bekannt angenommen.

Die Gaußschen Prozesse liefern zusätzlich zu Ihrer Schätzung (schwarze Linie) ebenfalls ein Unsicherheitsintervall um ihre Prognose (grauer Bereich). Da von verrauschten Daten ausgegangen wird, gibt es auch an bekannten Stellen einen Unsicherheitsbereich. Erwartungsgemäß ist in Abbildung 8 zu erkennen, dass die Schätzqualität zwischen zwei

Punkten deutlich sinkt, das heißt, der geschätzte Wertebereich ist dort größer. Diese Unsicherheitsintervalle können genutzt werden, um beispielsweise bei großer Unsicherheit an kritischen Punkten weitere Lerndaten gezielt zu generieren und so zu einer insgesamt besseren Schätzqualität zu kommen.

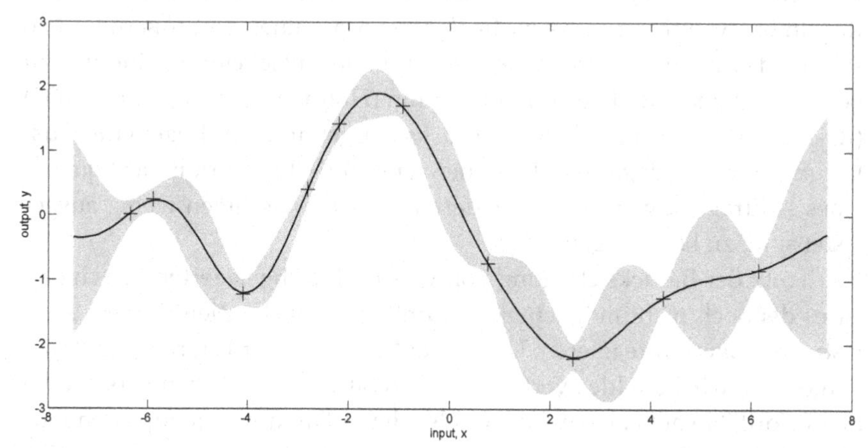

Abbildung 8: Gaußscher Prozess mit Rauschen (vgl. (Scholz-Reiter et al. 2010b))

Gaußsche Prozesse als kernbasiertes Lernverfahren haben maßgeblich zum Erfolg des maschinellen Lernens beigetragen. Mit ihnen können Daten effizient – auch im hochdimensionalen metrischen Raum – verarbeitet werden. Sie bieten den Vorteil, dass sich mit ihnen viele Problemstellungen deutlich flexibler als beispielsweise mit linearen Regressionsmodellen modellieren lassen. Als nichtparametrisches Regressionsverfahren lassen sie sich leichter konfigurieren und interpretieren als konventionelle Verfahren, wie zum Beispiel neuronale Netze. (Toussaint et al. 2010) (Fahrmeir 2009) (Rasmussen und Williams 2006)

3.3 Lernverfahren und prioritätsbasierte Reihenfolgeplanung

Prioritätsregeln stellen ein dezentrales Verfahren zur Reihenfolgeplanung dar, das heißt, sie treffen lokal, in der Regel direkt an einzelnen Maschinen, die Entscheidungen über die Reihenfolge der Aufträge. Dazu wurden Erweiterungen vorgeschlagen, die den Informationshorizont der Regeln bspw. auf vor- oder nachgelagerte Maschinen vergrößern und so stärker das gesamte Systemverhalten für die Entscheidungsfindung zu berücksichtigen. Holthaus und Rajendran (Holthaus und Rajendran 2000) (Rajendran und Holthaus 1999) berücksichtigen in ihren Regeln die Auslastung an nachgelagerten Maschinen (engl. WINQ - work in next queue) eines Auftrags, um so Aufträge, deren nächste Maschinen wenig ausgelastet sind, zu bevorzugen.

Trotz der Berücksichtigung von vor- und nachgelagerten Maschinen ist es dennoch nicht möglich, so auf unterschiedliche Zielkriterien, Auslastungen usw. zu reagieren. Um dieser Schwäche der Prioritätsregeln zu entgegnen, wird die Idee verfolgt, je nach Situation zwischen verschiedenen Prioritätsregeln auszuwählen oder deren Parameter anzupassen. Für diese dynamische Auswahl beziehungsweise Anpassung muss eine Wissensbasis vorliegen, unter welchen Bedingungen welche Parameter auszuwählen sind. Aufgrund der hohen Komplexität ist es in der Regel nicht möglich, dies für alle Situationen im Vorhinein beispielsweise durch Simulationsläufe zu bestimmen. Eine Onlinebestimmung bei jeder anstehenden Reihenfolgeentscheidung an einer Maschine ist hingegen wegen des großen Rechenaufwands und der benötigten Datenmenge ebenfalls nicht praktikabel; und würde weiterhin dem dezentralen Steuerungsansatz widersprechen.

An dieser Stelle können Regressionsmethoden eingesetzt werden, um das Verhalten verschiedener Parametereinstellungen unter den jeweiligen Systembedingungen zu approximieren. Basierend auf Erfahrungswerten (historischen Daten) oder auf Simulationsläufen können Regressionsmodelle erstellt werden, die dann zum Zeitpunkt der Entscheidungsfindung die besten Parameter oder Regeln prognostizieren. Verschiedene Ansätze und Szenarien dazu werden in diesem Abschnitt vorgestellt.

3.3.1 *Auswahl von Prioritätsregeln*

Ein Erfolg versprechender Ansatz, die Leistung von Prioritätsregeln im Bereich der Maschinenbelegungsplanung in Werkstatt- und Fließfertigung zu steigern, ist es, aus einer Menge von bekannten Regeln die situationsbedingt jeweils beste Regel auszuwählen. Dazu wurden bereits verschiedene Vorschläge zur dynamischen Selektion von Prioritätsregeln publiziert, die nachfolgend beschrieben und bewertet werden.

Einen simulationsbasierten Ansatz zur Auswahl von Prioritätsregeln haben Wu und Wysk (1989) vorgestellt. Bevor sie eine Prioritätsregel auswählen, führen sie mehrere Simulationsläufe mit verschiedenen Regeln für ein bestimmtes Zeitintervall durch, und entscheiden sich dann für die leistungsstärkste Regel. Sie konnten damit Verbesserungen gegenüber dem Einsatz von festen Regeln nachweisen. Die Schwierigkeit dieses Ansatzes besteht darin, dass der Rechenaufwand stark ansteigt, da für zukünftige Entscheidungen, die in dem Simulationsintervall anstehen, jeweils wieder für sämtliche zur Auswahl stehenden Regeln Simulationsläufe durchgeführt werden müssen, um eine gute Prognose abgeben zu können.

Sun und Yih (1996) benutzen ein neuronales Netz, um Prioritätsregeln sowohl für Transport- wie auch für Produktionsreihenfolgeentscheidungen auszuwählen. Sie trainieren das neuronale Netz mit Simulationsläufen von 1 Maschinen Modellen und berücksichtigen dabei die relative Leistung einer Regel in Bezug auf verschiedene Zielkriterien. In der Evaluation ihres 5 Maschinenszenarios haben sie nur feste Produktionswege angenommen und keinerlei Störungen oder unerwartet auftretende Ereignisse berücksichtigt.

El-Bouri und Shah (2006) haben einen weiteren Ansatz zur Auswahl von Prioritätsregeln mithilfe eines neuronalen Netzes vorgestellt. Sie betrachten ein 5 Maschinen Modell und untersuchen in ihrer Studie die

Zielkriterien mittlere Durchlaufzeit und Gesamtfertigstellungszeit. Je Zielkriterium trainieren sie ein neuronales Netz mit Lerndaten, die durch 7500 statische Instanzen mit jeweils 10-20 Aufträgen und verschiedenen Systemeigenschaften generiert werden. Auf allen Maschinen setzen sie nun alle verfügbaren Prioritätsregeln ein und kombinieren sie miteinander, sodass die beste Kombination an Regeln und Maschinen für das jeweilige Szenario gefunden wird. Die so trainierten Netze wählen anschließend für weitere unbekannte Szenarien jeweils für die Maschinen Prioritätsregeln aus. Die Ergebnisse übertreffen den Einsatz einzelner Regeln leicht. Nicht betrachtet werden in dieser Studie komplexe Szenarien mit mehr als 20 Aufträgen, die eine reale Situation darstellen würden. Eine Erweiterung dieses Ansatzes ist so nicht möglich, da das Trainieren der Netze mit optimalen Lösungen durch vollständige Enumeration aufgrund des hohen Rechenaufwandes nicht möglich ist (siehe 2.1.3).

Mouelhi-Chibani und Pierreval (2010) betrachten in Ihrer Untersuchung ein 2 Maschinen Fließfertigungsszenario mit Nachbearbeitung. Sie verwenden ebenfalls ein neuronales Netz, um für die Maschinen die geeignetste Prioritätsregel in Abhängigkeit von verschiedenen Systemparametern zum Beispiel der aktuellen Auslastung auszuwählen. Das neuronale Netz wird mit Trainingsdaten trainiert, die durch vorgelagerte Simulationsläufe mit verschiedenen Systemparametern erstellt werden. In der simulativen Evaluation stellte sich heraus, dass das dynamische Umschalten zwischen SPT und EDD zu einer minimalen Verbesserung im Vergleich zu dem dauerhaften Einsatz von SPT geführt hat, allerdings wurden keine Signifikanzuntersuchungen durchgeführt. Das verwendete flexible Fließfertigungsszenario ist zu klein bemessen, um einen Vorteil der dynamischen Umschaltung nachzuweisen. Weiterhin wurden zwar erste Optimierungen am neuronalen Netz durchgeführt, die zu deutlichen Verbesserungen führten, allerdings sollten diese systematisch ausgeweitet werden und für die spezielle Anwendung optimiert werden.

Aufenanger hat ein Verfahren zur Auswahl von Prioritätsregel entwickelt, dass situativ Prioritätsregeln basierend auf dem Modell eines Naive-Bayes-Klassifizierers (Mitchell 2010) selektiert. Dieses Verfahren wird innerhalb eines erweiterten Giffler-Thompson-Algorithmus (Giffler und Thompson 1960) angewendet, um zwischen im Konflikt zueinanderstehenden Aufträgen zu entscheiden. Es soll in Kombination mit einer weiteren Heuristik eingesetzt werden, die zuerst einen kompletten Ablaufplan berechnet. Kann dieser Plan aufgrund von Störungen nicht eingehalten werden, wird mit dem vorgeschlagenen Ansatz eine Anpassung durchgeführt (engl. rescheduling). Der Klassifizierer wird einerseits mit optimal berechneten Ablaufplänen andererseits mit zufälligen Simulationsläufen trainiert, um situativ in Abhängigkeit von Systemparametern die beste Prioritätsregel auswählen zu können. Das Verfahren wurde auf das Zielkriterium der Gesamtproduktionsdauer (engl. makespan) evaluiert und konnte beispielsweise aus der Literatur bekannte Szenarien besser lösen als das Shifting-Bottleneck Verfahren. Das Verfahren lässt sich grundsätzlich auch auf andere Zielkriterien, beispielsweise der Verspätung, und komplexere Szenarien anwenden, allerdings ist die Leistungsfähigkeit nicht abzuschätzen, da in komplexeren Szenarien der Klassifizierer nicht mit optimalen Lösungen trainiert werden kann. Das alternative Training scheint verbesserungsfähig, da mit zufällig generierten Probleminstanzen, für die zufällige Lösungen generiert werden und nur ein Teil anschließend zum Training ausgewählt wird, die Qualität des Klassifizierers stark schwanken dürfte. (Aufenanger 2009) (Aufenanger et al. 2009)

3.3.2 *Adaption von Prioritätsregeln*

Neben der gezielten Auswahl von Prioritätsregeln für einzelne Entscheidungen gibt es die Möglichkeit, das Verhalten der Regeln dynamisch über ihre Parameter anzupassen. Viele der entwickelten Regeln bestehen aus verschiedenen Teilregeln oder Terminalen, deren Einfluss auf die zu berechnende Priorität der Aufträge mithilfe von Parametern gewichtet werden kann. Wird eine parametrisierbare Regel eingesetzt, muss zuerst eine Standardeinstellung für die Parameter bestimmt werden, sodass die Regel für die ausgewählten Zielkriterien gut eingestellt ist. In dynamischen Szenarien sind weitere Leistungssteigerungen möglich, indem die

Parameter der Regel dynamisch angepasst werden. Dies gilt insbesondere für Produktionsszenarien mit reihenfolgeabhängigen Rüstzeiten, da hier in der Regel eine unterschiedlich starke Berücksichtigung der Rüstzeiten in Abhängigkeit vom Systemzustand sinnvoll ist. In einem hoch ausgelasteten System sollten Rüstzeiten beispielsweise eher vermieden werden, wohingegen in einem niedrig ausgelasteten System verstärkt Aufträge, die kurz vor ihrem Fälligkeitstermin stehen, bevorzugt werden sollten. Im Folgenden werden Untersuchungen zur Bestimmung und Adaption von Regelparametern vorgestellt.

Chiang und Fu haben die ECR-Regel (siehe Gleichung (3.2)) entwickelt, die sich mit vier Parametern konfigurieren lässt (Chiang und Fu 2009). Dabei beeinflussen insbesondere die Parameter B und D das Verhalten der Regel stark. Der B-Parameter legt das Gewicht darauf, dass möglichst wenig Aufträge ihren Fälligkeitstermin überschreiten; der D-Parameter sorgt dafür, dass Aufträge, die ihren Fälligkeitstermin noch einhalten können, höher priorisiert werden. In ihrer Studie haben Chiang und Fu einen evolutionären Algorithmus vorgestellt, mit dem sie die Parameter der ECR-Regel optimieren und so eine deutliche Verbesserung (>25%) erreichen können. Ihre Evaluation führen sie allerdings an einer Reihe von statischen Probleminstanzen mit 30 beziehungsweise 50 Aufträgen und jeweils 10 Maschinen durch. Eine dynamische Simulation mit stochastischen Schwankungen beziehungsweise Störungen führen sie nicht durch, und damit auch keine dynamische Adaption der Parameter an veränderte Systemeigenschaften. Eine Erweiterung um eine dynamische Anpassung der Parameter an verschiedene Systemzustände wäre denkbar, allerdings müsste zuerst untersucht werden, wie groß der Leistungsunterschied verschiedener Einstellungen in Abhängigkeit der Systemzustände ist. In ihrer Untersuchung erreichen Chiang und Fu zwar eine bessere Zielkriterienerreichung im Vergleich zur ATCS-Regel, allerdings verwenden sie ATCS-Parameter, die außerhalb des von Lee et al. (Lee et al. 1997) (Lee und Pinedo 1997) empfohlenen Bereichs liegen.

Lee et al. haben die ATCS-Regel entwickelt, die sich über die beiden Skalierungsfaktoren k_1 und k_2 auf unterschiedliche Rahmenbedingungen einstellen lässt (siehe Kapitel 3.1.2 und Gleichungen (3.3) und (3.4)) (Lee et al. 1997) (Lee und Pinedo 1997). Sie haben ein Verfahren vorgestellt, das anhand von vier Systemparametern die besten Werte für k_1 und k_2 bestimmt. Dazu gehört das Verhältnis zwischen der Zeit bis zu den jeweiligen Fälligkeitsterminen und der verbleibenden Bearbeitungszeit der Aufträge (engl. due date tightness) sowie die Variabilität dieser Verhältnisse (engl. due date range). Der dritte Wert, der den aktuellen Systemzustand beschreibt, berechnet sich aus dem Verhältnis zwischen den durchschnittlichen Rüstzeiten zu den durchschnittlichen Bearbeitungszeiten, und stellt einen Rüstzeitengewichtungsfaktor dar (engl. setup time severity factor). Der vierte verwendete Wert bezieht sich auf die Variabilität der Rüstzeiten. Lee et al. haben in ihrer Studie viele verschiedene Instanzen eines einstufigen Produktionsszenarios mit parallelen Maschinen simuliert und aus den Ergebnissen Formeln für k_1 und k_2 in Abhängigkeit der vier Systemparameter bestimmt. Ihre Evaluation mit unbekannten Testinstanzen führte zu Verbesserungen im Vergleich zu anderen Regeln. Der Ansatz, Formeln für die Anpassung der Prioritätsregel zu entwickeln, stellt eine vielversprechende Idee dar. Allerdings wurden nur kleine Instanzen in einem einstufigen Szenario evaluiert. Bei einer Erweiterung auf dynamische und größere Szenarien müsste insbesondere untersucht werden, wie die Systemparameter rollierend berechnet werden können, und ob die entwickelten Formeln sinnvolle Ergebnisse auch für komplexere Szenarien liefern können.

Park et al. (2000) haben den Ansatz von Lee et al. (1997) erweitert, indem sie einen weiteren Parameter zur Beschreibung des aktuellen Szenarios ergänzt haben. Sie haben festgestellt, dass bei einer größeren Variabilität der Rüstzeiten, diese genauer berücksichtigt werden müssen, und benutzen die Rüstzeitvariabilität (engl. setup time range) daher als weiteren Faktor (Park et al. 2000). Weiterhin leiten sie keine Funktionen für den Zusammenhang zwischen den Systemparametern und den Skalierungsfaktoren für k_1 und k_2 ab, sondern benutzen ein neuronales Netz. Zum Trainieren des Netzes haben sie 40320 Instanzen eines einstufigen Produktionsszenarios mit parallelen Maschinen generiert und jeweils mit vielen Werten für k_1 und k_2 simuliert. Ihre Evaluation haben sie auf weiteren Testinstanzen durchgeführt und konnten zeigen, dass Ihr Ansatz bessere Ergebnisse in Bezug auf gewichtete Verspätung liefert als die Verwendung statischer Werte für k_1 und k_2. Ebenfalls konnten die Ergebnisse von Lee et al. übertroffen werden. Das Verfahren von Park et al. stellt eine gute Weiterentwicklung dar, allerdings wird nur ein einstufiges Szenario betrachtet und es werden nur statische Instanzen ohne Schwankungen, beispielsweise im Produktmix betrachtet. Eine Erweiterung würde ein komplizierteres Training des neuronalen Netzes nach sich ziehen und es müsste eine dynamische Abschätzung der Systemparameter entwickelt und konfiguriert werden.

Mönch et al. (2006) haben ein einstufiges Produktionsszenario mit parallelen Batchmaschinen ohne Rüstzeiten untersucht. Als Prioritätsregel verwenden sie eine Erweiterung der ATC-Regel, die speziell auf Batchmaschinen angepasst wurde (BATC, siehe (Balasubramanian et al. 2004)). Basierend auf ähnlichen Systemparametern wie Lee et al. beziehungsweise Park et al. (siehe oben) trainieren sie die Klassifikationsverfahren, Entscheidungsbäume und neuronalen Netze zur Bestimmung des k_1-Parameters und vergleichen die beiden Verfahren anschließend. Für das Training generieren sie eine Reihe an Testinstanzen, die stochastisch verteilte Einlastungszeiten der Aufträge besitzen und so ein teilweise dynamisches Systemverhalten simulieren. An weiteren Testinstanzen werden die Verfahren evaluiert. Festgestellt wurde, dass beide Klassifikationsverfahren nur etwa eine Verschlechterung von 1-2 % an gewichteter Gesamtverspätung der Aufträge im Vergleich zu den jeweils (quasi) optimalen k_1-Werten verursachen. Dies zeigt, dass das Lernen für unbekannte Systemparameterwerte gut funktioniert. Eine Verbesserung der Gesamtverspätung im Vergleich zu festen k_1-Werten konnte zwar in etwa 80 % der Testinstanzen festgestellt werden, allerdings ist keine signifikante prozentuale Verbesserung angegeben worden, und es bleibt somit unklar, ob das vorgeschlagene Verfahren festen k_1-Werten statistisch relevant überlegen ist. Weiterhin ist in dieser Studie nur ein einstufiges Szenario berücksichtigt worden und daher wären Anpassungen für eine Erweiterung ähnlich wie bei den Ansätzen von Lee et al. (1997) und Park et al. (2000) notwendig.

3.4 Zusammenfassung des Stands der Technik

In den letzten Jahrzehnten wurde eine Reihe von Verfahren entwickelt und stetig verbessert, die sich dem Problem der Reihenfolgeplanung in der Produktion widmen. Dazu gehören die optimierenden Verfahren, die konkrete Problemstellungen zwar optimal in Bezug auf die gewählten Zielkriterien lösen können, aufgrund der hohen Komplexität des Problems gelingt dies allerdings nur für sehr kleine Szenarien. Für praxisnahe Szenarien bedarf es in der Regel Verfahren, die mit deutlich weniger Rechenzeit auskommen, und so Lösungen schnell liefern, auch wenn diese nicht optimal sind. Heuristische Verfahren reduzieren die Komplexität, indem sie den Lösungsraum beschränken und beispielsweise Lösungen aus Teillösungen zusammensetzen oder gefundene Lösungen durch kleinere Veränderungen verbessern. Dadurch können sie deutlich schneller Lösungen generieren, allerdings werden dafür Abstriche in der Lösungsqualität in Kauf genommen.

Zentral arbeitenden Verfahren stehen quasi sämtliche Informationen zur Verfügung, die sie zur Berechnung eines Gesamtablaufplans berücksichtigen können. Der Nachteil der optimierenden Verfahren und der zentral arbeitenden Heuristiken ist, dass sie in der Regel Gesamtpläne berechnen und eine rechenzeitaufwendige Neuberechnung bei auftretenden Änderungen durchführen müssen. Um den Anforderungen insbesondere in Bezug auf den Dynamikaspekt (siehe 2.2) gerecht zu werden, werden dezentrale Ansätze benötigt, die mithilfe von lokalen Informationen auf Änderungen reagieren können und dennoch eine gute Erreichung der Zielkriterien erlangen.

Prioritätsregeln gehören zu den dezentralen Heuristiken, mit denen sich Reihenfolgepläne echtzeitnah generieren lassen. Seit Jahrzehnten werden sie erforscht und in der Praxis eingesetzt; insbesondere in hochkomplexen und sehr dynamischen Produktionsumgebungen, wie beispielweise der Halbleiterfertigung. Neben der stetigen Neu- und Weiterentwicklung der Regeln, um ihre Leistungsfähigkeit zu verbessern oder spezialisierte Regeln für bestimmte Szenarien zu entwickeln, wurden Ansätze vorgestellt, die situationsbedingt zwischen Regeln selektieren.

Dies verspricht Verbesserungen in der Zielkriterienerreichung, da es keine Regel gibt, die stets die besseren Entscheidungen trifft als andere Regeln, wenn sich Systemzustände o. ä. verändern. Um zu wissen, welche Regel unter welchen Bedingungen gute Leistungen erbringt, ist es notwendig historische Daten auszuwerten oder gezielt Simulationsläufe durchzuführen. Aufgrund des hohen Aufwandes durch die Vielzahl an unterschiedlichen Parametern wird in einigen Studien auf neuronale Netze zurückgegriffen, mit deren Hilfe Entscheidungen zwischen Regeln auch für noch nicht untersuchte Systemzustände durchgeführt werden.

Diese Ansätze sind vielversprechend und stellen eine in den meisten Fällen Verbesserung im Vergleich zum Einsatz von Standardregeln ohne dynamische Anpassung dar. Die in Kapitel 3.3 vorgestellten Studien weisen allerdings eine Reihe von Schwächen auf. Einerseits sind die zur Evaluierung verwendeten Szenarien vielfach zu klein, um aussagekräftige Ergebnisse zu erhalten. Es wurden vielfach einstufige Produktionsszenarien mit wenig oder keinen Dynamiken betrachtet und es gibt nur wenige Studien, die reihenfolgeabhängige Rüstzeiten berücksichtigen. Weiterhin ließen sich einige Ansätze aufgrund der Komplexität gar nicht auf größere Szenarien skalieren, da beispielsweise mit optimierenden Verfahren Lerndaten generiert wurden. Andererseits sind die verwendeten Verfahren des maschinellen Lernens nicht näher untersucht und optimiert worden. Es wurden fast ausschließlich neuronale Netze mit Standardeinstellungen verwendet.

4 Handlungsbedarf und Vorgehen

In Kapitel 2 wurde beschrieben, wie sich das Problem der Reihenfolgeplanung unter heutigen Bedingungen und Entwicklungstrends darstellt. In Kapitel 3 wurden bekannte Ansätze sowie aktuelle Forschungsideen erörtert und ihre Vor- und Nachteile analysiert. In diesem Kapitel werden die definierten Anforderungen an ein Steuerungsverfahren und die vorgestellten Ansätze zusammengeführt. Der sich daraus ergebene Handlungsbedarf wird abgeleitet und in einzelne Aufgaben unterteilt. Anschließend werden das Vorgehen und der zu entwickelnde Lösungsansatz für ein leistungsfähiges Steuerungsverfahren dargestellt, das die geforderten Anforderungen erfüllt.

4.1 Handlungsbedarf

Der Handlungsbedarf erstreckt sich über Untersuchungen in drei Bereichen. Dazu gehören die Analyse und der Vergleich von infrage kommenden Steuerungsverfahren. Weiterhin gilt es geeignete Regressionsverfahren zu identifizieren und zu untersuchen, damit sie zur Verbesserung der Steuerungsverfahren eingesetzt werden können. Ein weiterer wichtiger Aspekt ist die Auswahl geeigneter Evaluierungsszenarien, um aussagekräftige Ergebnisse über beispielweise die Leistungsfähigkeit der Steuerungsverfahren tätigen zu können.

4.1.1 Analyse und Grenzen bestehender Steuerungsverfahren

Die Veränderungstreiber im Umfeld der produzierenden Unternehmen führen zu neuen Anforderungen, die sich in verschiedenen Aspekten beschreiben lassen (siehe Kapitel 2.2). Dazu zählen die Reduktion der Komplexität, der Dynamikaspekt, der Informationsaspekt, die Lösungsqualität und die Rechenzeit. Für die in dieser Arbeit betrachtete Problemstellung eignen sich daher nur dezentrale Heuristiken, da zentrale Heuristiken die Anforderungen bezüglich des Dynamik- und Informationsaspekts sowie der Rechenzeit nicht erfüllen können. Die in Kapitel 3 erörterten Studien haben gezeigt, dass Prioritätsregeln einen vielversprechenden Ansatz darstellen, allerdings besitzen sie aufgrund ihres lokalen Informationshorizonts die Schwäche, dass je nach Situation unterschiedliche Regeln die beste Leistung bieten. Diese Auswirkungen und die Unterschiede der Regeln sowie ihre allgemeine Leistungsfähigkeit sollen in einem ersten Schritt untersucht werden.

Die Leistungsfähigkeit kann am besten in Bezug zu optimalen Lösungen bestimmt werden, daher bietet sich ein Vergleich zu einem optimierenden Verfahren an. Dadurch können einerseits die Grenzen der optimierenden Verfahren eingeschätzt und andererseits die Leistungsfähigkeit und Schwächen der dezentralen Verfahren, das heißt Prioritätsregeln, beurteilt werden.

4.1.2 *Auswahl und Optimierung der Regressionsverfahren*

Regressionsverfahren werden zur Verbesserung der Reihenfolgeplanung und Steuerung von Produktionsprozessen unter anderem dazu eingesetzt, um mit wenigen Untersuchungen, zum Beispiel Simulationsläufen, Schlussfolgerungen über das Systemverhalten unter unbekannten Bedingungen abzuschätzen. In vielen Studien, die sich mit dem Einsatz von Regressionsverfahren zur Verbesserung der prioritätsregelbasierten Reihenfolgeplanung beschäftigen, werden neuronale Netze eingesetzt. Für diese werden häufig Standardparameter ausgewählt; ein fundierter Vergleich mit anderen Methoden wird in der Regel nicht durchgeführt (siehe Kapitel 3.3). Welche Verfahren für dieses Anwendungsgebiet am vielversprechendsten sind, gilt es zu untersuchen.

4.1.3 *Anforderungen an Evaluierungsszenarien*

Vielfache Schwäche von Forschungsansätzen in diesem Bereich ist die unzulängliche Evaluierung der vorgeschlagenen Ansätze. Dadurch lassen sich Verfahren nicht vergleichen beziehungsweise ihre Eignung zur Bewältigung der heutigen Anforderungen beurteilen. Werden nur statische Szenarien evaluiert, kann nicht überprüft werden, wie robust sich die Verfahren beispielsweise gegenüber Störungen verhalten. Evaluationsszenarien sollen daher reales dynamisches Verhalten simulieren, beispielweise durch stochastische Einlastungen unterschiedlicher Aufträge.

Weiterhin sollen ausreichend komplexe Szenarien betrachtet werden. Einstufige Szenarien berücksichtigen die Auswirkungen auf vor- beziehungsweise nachgelagerte Prozessschritte an benachbarten Maschinen nicht. Um die komplexen Strukturen der Werkstatt- beziehungsweise flexiblen Fließfertigung adäquat zu repräsentieren gelten nach (Wilbrecht und Prescott 1969) etwa sechs Maschinen als ausreichend.

In der Literatur werden häufig Szenarien betrachtet, die nur stark vereinfacht die Realität wiederspiegeln. Rüstzeiten, Operatoren, reentrante Prozessschritte (das heißt Zyklen) sowie wechselnde Produktmixe werden häufig vernachlässigt, obwohl sie eine große Auswirkung auf die Performance des Systems haben können. Insbesondere reihenfolgeabhängige Rüstzeiten sollten berücksichtig werden, da sie eine große Auswirkung auf die logistischen Zielkriterien haben können.

4.2 Vorgehen zur Entwicklung einer hybriden Steuerungskomponente

Ziel ist es, eine heuristische Steuerungskomponente zu entwickeln, die den heutigen definierten Anforderungen gerecht wird. Innerhalb der Werkstatt- und flexiblen Fließfertigung, insbesondere im Bereich der Cyber-Physischen Produktionssysteme, kommen nur dezentral arbeitende Verfahren infrage. Diese sollen zu einem hybriden Verfahren erweitert werden, indem ausgewählte (zentrale) Systeminformationen zusätzlich berücksichtigt werden. So sollen die Stärken beider Ansätze zusammengeführt werden. Einerseits bleibt die hohe Robustheit, das schnelle Reagieren auf Störungen und die gute Handhabbarkeit der dezentralen Verfahren erhalten und zusätzlich gelingt eine bessere Abstimmung durch die Berücksichtigung einiger relevanter Gesamtsysteminformationen. Dazu müssen Parameter identifiziert werden, die Einfluss auf das Erreichen der Zielkriterien haben, wie beispielweise die Auslastung der Maschinen. Führen die Schwankungen dieser Parameter dazu, dass sich die logistische Leistung ändert, gilt es zu untersuchen, ob diese Schwankungen durch Anpassungen an der Steuerungskomponente reduziert werden können. So entsteht ein robusteres und leistungsfähigeres System.

Die Untersuchungen benötigen aufgrund der Vielzahl an Parametern eine große Menge an Simulationsdurchläufen. Diese Anzahl soll durch den Einsatz von Regressionsverfahren handhabbar gemacht werden. Die Regressionsmodelle liefern Prognosen über unbekannte Parameterkombinationen und können dazu eingesetzt werden, die Steuerungsverfahren anzupassen. Es sollen daher verschiede Regressionsverfahren verglichen und ihre Prognosegenauigkeit untersucht werden. Es sollte ein geeignetes Verfahren gefunden werden, das gute Prognosen mit nur wenigen Lerndaten erreicht; denn so kann die Anzahl der benötigten Untersuchungen beziehungsweise Simulationsläufe reduziert werden. Eine automatische Erkennung von fehlerhaften Modellen kann weiterhin die Robustheit der Anwendung verbessern und die Anzahl der benötigten Lerndaten weiter reduzieren. Eine weitere Verbesserungsmöglichkeit stellt die dynamische Modellgenerierung zur Laufzeit dar, die ebenfalls erörtert werden soll.

Gesamtziel

Das zusammenfassende Gesamtziel ist es, für die $\mathcal{NP}$-vollständige Problemstellung der Reihenfolgeplanung in der Werkstatt- beziehungsweise flexiblen Fließfertigung eine verbesserte Steuerungsheuristik zu entwickeln, die sowohl die neuartigen Anforderungen erfüllt und leistungsfähiger ist, als bekannte Verfahren.

5 Konzept, Entwicklung und Evaluation

Zur Lösung der beschriebenen Problemstellung werden in diesem Kapitel die nötigen Untersuchungen beschrieben und ein neues Steuerungsverfahren vorgestellt. Die Untersuchungen lassen sich in drei Teile gliedern.

In Kapitel 5.1 wird ein Szenario betrachtet, das an die Halbleiterfertigung angelehnt ist, indem neben Maschinen zusätzlich Operatoren als weitere einzuplanende Ressource berücksichtigt werden. Es wird ein mathematisches Modell entwickelt, mit dem für kleine Instanzen optimale Lösungen berechnet werden können. Die Ergebnisse werden mit denen verschiedener Prioritätsregelkombinationen verglichen. Anschließend wird eine dynamische, deutlich komplexere, Simulationsstudie des Szenarios ausschließlich mit Prioritätsregeln durchgeführt. Mithilfe dieser Ergebnisse können die Leistungsfähigkeit aber auch die Schwächen der Prioritätsregeln bestimmt werden.

Im Anschluss werden zwei Ansätze zur Steigerung der Leistungsfähigkeit der prioritätsbasierten Reihenfolgeplanung entwickelt. In Kapitel 5.2 wird analysiert, wie mithilfe von Regressionsverfahren die Performance von Prioritätsregeln unter bestimmten Systembedingungen prognostiziert werden kann und welche Verfahren dafür gut geeignet sind. Eine automatische Erkennung von fehlerhaften Modellen soll die Prognose weiter verbessern. Basierend auf diesen Modellen wird ein Steuerungsverfahren entwickelt, das je nach Systemzustand eine passende Prioritätsregel auswählt. Evaluiert wird dieses Verfahren an einem aus der Literatur bekannten dynamischen Produktionsszenario im Vergleich mit bereits vorgestellten Verfahren.

Ein Szenario mit reihenfolgeabhängigen Rüstzeiten wird in Kapitel 5.3 untersucht. Die Parameter einer auf Rüstzeiten optimierten Prioritätsregel werden dynamisch adaptiert, da es je nach Situation vorteilhaft ist, Rüstzeiten eher zu vermeiden oder zuzulassen. Die Adaption der Parameter erfolgt auf Basis von Regressionsmodellen, die zuvor mithilfe von Simulationen generiert werden. Anschließend werden die jeweiligen Ergebnisse zusammengefasst.

5.1 Analyse von Prioritätsregeln in Szenarien mit mehreren Ressourcen

Die Reihenfolgeplanung in der Produktion beschäftigt sich in der Regel damit, die eingehenden Aufträge so auf die vorhandenen Maschinen zu verteilen, dass die angestrebten Zielkriterien bestmöglich erreicht werden. Es wird angenommen, dass die Maschinen die einzige knappe Ressource sind, die die Performance des Systems beeinflussen. In der Praxis muss gewährleistet werden, dass beispielsweise Materialen bereitgestellt werden, Werkzeuge für Arbeitsschritte verfügbar sind und Mitarbeiter Bearbeitungsschritte durchführen können. Sind die Maschinen allerdings nicht die teuerste beziehungsweise knappste Ressource, sondern ist beispielsweise die Anzahl der Mitarbeiter ebenfalls limitiert, betrachtet man ein mehrfach beschränktes Problem (engl. multi- / dual-resource constrained problem) (Gargeya und Deane 1996). Eine gute Lösung zu finden, beinhaltet in diesem Fall sämtliche kritische Ressourcen gut aufeinander abzustimmen. Zur Lösung wurden verschiedene Erweiterungen von Standardansätzen entwickelt, die allerdings auf zentralen Heuristiken mit den entsprechenden Nachteilen basieren.

Es soll nun analysiert werden, wie die Leistung eines rein dezentralen Verfahrens basierend auf Prioritätsregeln einzuschätzen ist. Insbesondere bei der Berücksichtigung mehrerer Ressourcen stellt sich die Frage, ob die Abstimmung zwischen den Ressourcen gelingt und welche Regelkombinationen gute Leistungen liefern. Um die Leistung der Regel einschätzen zu können, wird das betrachtete Szenario mathematisch modelliert und anschließend mit einem Solver gelöst. Die so berechneten optimalen Lösungen dienen als Vergleich für den Prioritätsregelansatz.

Weiterhin werden so die Grenzen der optimalen Lösbarkeit in vertretbarer Zeit aufgezeigt.

5.1.1 *Mini-Fab Szenario*

Die Arizona State University hat in Kooperation mit Intel mehrere Szenarien vorgestellt, die die wesentlichen Eigenschaften der Halbleiterfertigung in vereinfachten Modellen nachbilden. Ziel ist es, an diesen Modellen Reihenfolgeplanungsalgorithmen zu entwickeln und miteinander vergleichen zu können. (Adl et al. 1996) (Tsakalis et al. 1997)

Das Mini-Fab Szenario besteht aus fünf Maschinen, von denen jeweils zwei identische parallele Maschinen darstellen, die sich einen gemeinsamen Puffer teilen. Es handelt sich um eine flexible Fließfertigung mit reentranten Prozessschritten, das heißt die Maschinen Gruppe *Ma* und *Mb* sowie *Mc* und *Md* werden mehrfach für Bearbeitungsschritte besucht. Der Ablauf ist in Abbildung 9 schematisch dargestellt. Rüstzeiten können vernachlässigt werden, für das Be- und Entladen der Maschinen werden allerdings Operatoren und Zeit benötigt. Die Operatoren werden als weitere Ressource betrachtet, für die ebenfalls eine Reihenfolgeplanung durchgeführt werden muss. (Scholz-Reiter et al. 2009b) (Scholz-Reiter et al., 2010a)

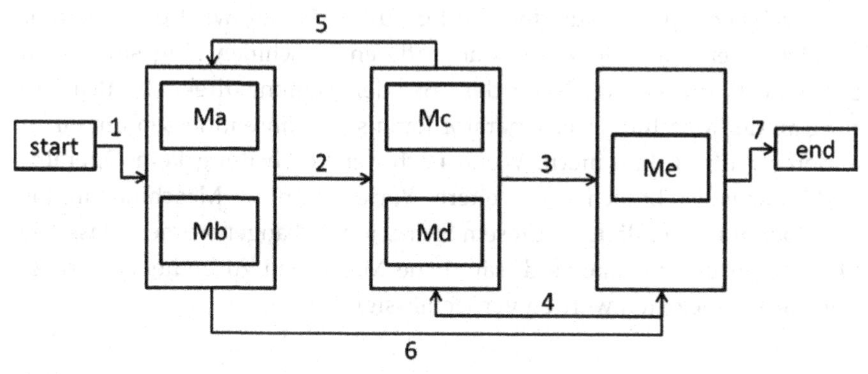

Abbildung 9: Flexibles Fließfertigungsszenario (Mini-Fab)

Die Bearbeitungs- und Be- beziehungsweise Entladezeiten des Mini-Fab Szenarios für diese Untersuchung sind in Tabelle 4 aufgeführt. Je nach Prozessschritt und Maschine fallen unterschiedliche Zeiten an. Zum Be- beziehungsweise Entladen wird ein Operator benötigt, der die entsprechenden Tätigkeiten durchführt. Es wird in diesem Szenario angenommen, dass alle Operatoren gleich geschult sind und sämtliche Aufgaben übernehmen können.

Tabelle 4: Bearbeitungs- und Be- bzw. Entladezeiten des Mini-Fab Szenarios

	Maschine	Beladen [min]	Bearbeiten [min]	Entladen [min]
Schritt 1	Ma / Mb	15	55	25
Schritt 2	Mc / Md	20	25	15
Schritt 3	Me	15	45	15
Schritt 4	Ma / Mb	20	35	25
Schritt 5	Mc / Md	15	65	25
Schritt 6	Me	10	10	10

In Abbildung 10 ist ein schematisches Ganttdiagramm über den typischen Ablauf an einer Maschine dargestellt. Ist eine Maschine bereit, den nächsten Auftrag aus dem Puffer zu bearbeiten, wird ein Operator gerufen. Wenn alle Operatoren an anderen Maschinen tätig sind, stellt sich eine Wartezeit ein. Nach dem Beladen beginnt direkt die Bearbeitung an der Maschine. Der Operator kann sich währenddessen um einen anderen Auftrag kümmern. Wenn nach der Bearbeitung kein Operator verfügbar ist, stellt sich eine weitere Wartezeit an der Maschine ein, bis ein Operator sie entlädt. In diesem Szenario wird angenommen, dass alle Operatoren in der Lage sind, sämtliche Maschinen zu bedienen; Transport und Wegezeiten werden vernachlässigt.

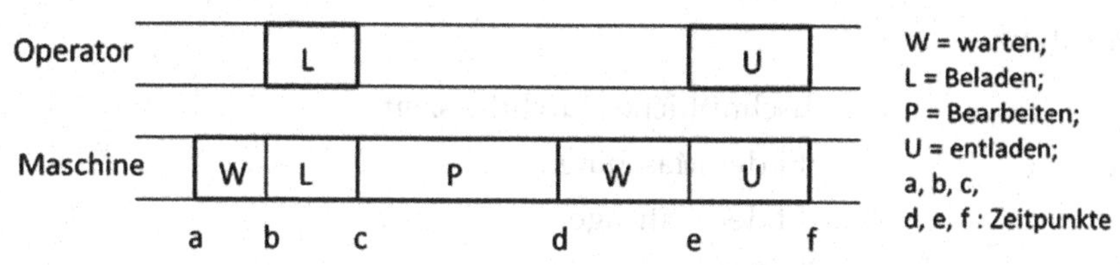

Abbildung 10: Flexibles Fließfertigungsszenario (Mini-Fab) (Scholz-Reiter et al. 2009b)

Um verschiedene Engpasssituationen zu betrachten, wird die Anzahl der verfügbaren Operatoren variiert. Dazu wird einerseits ein rein durch die Maschinenkapazität beschränktes Szenario ohne Operatoren (NO_OPERATOR) betrachtet. Weiterhin gibt es ein Szenario mit nur einem Operator (OPERATOR_CONSTRAINED), in dem die Kapazität des Operators den Engpass darstellt. Im ausgeglichenen Szenario mit zwei Operatoren beschränken die Maschinen- und die Operatorkapazität den Durchsatz gleichermaßen (DUAL_CONSTRAINED). Stehen drei Operatoren zur Verfügung, stellen die Maschinen die größere Kapazitätseinschränkung (MASCHINE_CONSTRAINTED) dar.

5.1.2 MILP für Mini-Fab Szenario

Für die Bestimmung optimaler Pläne wird ein gemischt-ganzzahliges mathematisches Modell entwickelt. Pan und Chen (2005) haben mehrere Modellierungsmöglichkeiten und ihre jeweiligen Lösungsgeschwindigkeiten für Werkstattfertigungsmodelle mit reentranten Prozesschritten untersucht. Das folgende Modell wird basierend auf ihrer optimierten Darstellung weiterentwickelt. Neben Anpassungen wird zusätzlich die Berücksichtigung von Operatoren ergänzt.

Notation:

$\overline{F}$	Durchschnittliche Durchflusszeit
m	Anzahl der Maschinen
n	Anzahl der Aufträge
J_i	i-ter Auftrag
M_k	k-te Maschine
N	Anzahl an Operationen
a	Operator Tätigkeitsschritt (1 = beladen; 2 = entladen)
H	Anzahl an Operatoren
$O_{i,j}$	Bearbeitungsschritt j des Auftrags J_i
$Z_{i,j,ii,jj}$	Binärvariable; 1, wenn Operation $O_{i,j}$ vor Operation $O_{ii,jj}$, sonst 0
$r_{i,j,g}$	Binärvariable; 1, wenn Operation $O_{i,j}$ Maschinengruppe g benötigt, sonst 0
$v_{i,j,g}$	Binärvariable; 1, wenn Operation $O_{i,j}$ auf Maschine k bearbeitet wird, sonst 0
$s_{i,j}$	Startzeitpunkt der Operation $O_{i,j}$
F_g	Maschinengruppe g
Q, QQ, QQ_2	Variablen für die optimierte Modelldarstellung zur Einsparung von Binärvariablen
$Y_{i,j,ii,jj,k,l}$	Binärvariable; 1 wenn Operator h Operation $O_{i,j}$ vor Operation $O_{ii,jj}$ mit Tätigkeitsschritt l ausführt, sonst 0;
$os_{i,j,h,a}$	Startzeitpunkt des Operators h, der die Tätigkeit a der Operation $O_{i,j}$ ausführt
$oo_{i,j,h,a}$	Binärvariable; 1 wenn Operator h, die Tätigkeit a der Operation $O_{i,j}$ ausführt
$bigM$	Eine sehr große positive Zahl
$lt_{i,j}, ut_{i,j}$	Parameter, die die Be- bzw. Entladezeiten der Operation $O_{i,j}$ festlegen

$pt_{i,j}$ Parameter, der die Bearbeitungszeit der Operation $O_{i,j}$ bestimmt

$$Minimize \overline{F} \tag{5.1}$$

$$\overline{F} = \sum_{i=1}^{n} (os_{i,N,h,2} + ut_{i,N} - bigM(1 - oo_{i,N,h,2})) / n \tag{5.2}$$

$$(os_{i,j,h,2} + ut_{i,j}) - bigM(1 - oo_{i,j,h,2}) \le s_{i,j+1},\ i = 1,2...n;\ j = 1,2...N-1;\ h = 1..H \tag{5.3}$$

$$s_{i,j} + lt_{i,j} + p_{i,j} \le os_{i,j,h,2} + bigM(1 - oo_{i,j,h,2}),\ i = 1,2...n;\ j = 1,2...N;\ h = 1..H \tag{5.4}$$

$$bigM\left(3 - v_{i,j,k} - v_{ii,jj,k} - oo_{ii,jj,h,2}\right) + bigM\left(1 - Z_{i,j,ii,jj}\right) + s_{ii,jj} - os_{i,j,h,2} - ut_{i,j}$$

$$= Q_{i,j,ii,jj,k,h},\ 1 \le i \le ii \le n,\ j, jj = 1,2...N;\ h = 1..H,\ k = 1..m \tag{5.5}$$

$$Q_{i,j,ii,jj,k,h} \le bigM\left(7 - 2v_{i,j,k} - 2v_{ii,jj,k} - 2oo_{i,j,h,2}\right) + s_{ii,jj}$$

$$-os_{i,j,h,2} + ut_{i,j} + s_{i,j} - os_{ii,jj,h,2} - ut_{ii,jj},$$
$$1 \le i \le ii \le n,\ j, jj = 1,2...N;\ h = 1..H,\ k = 1..m \tag{5.6}$$

$$\sum_{k \in F_g} v_{i,j,k} = r_{i,j,g},\ i = 1,2..n;\ j = 1,2...N \tag{5.7}$$

$$os_{i,j,h,1} \ge s_{i,j} - (1 - oo_{i,j,h,1})bigM,\ i = 1,2..n;\ j = 1,2...N;\ h = 1..H \tag{5.8}$$

$$os_{i,j,h,1} \le s_{i,j} + (1 - oo_{i,j,h,1})bigM,\ i = 1,2..n;\ j = 1,2...N;\ h = 1..H \tag{5.9}$$

$$\sum_{h=1}^{H} (oo_{i,j,h,a}) = 1,\ i = 1,2..n;\ j = 1,2...N;\ h = 1..H;\ a = 1..2 \tag{5.10}$$

$$os_{i,j,h,a} \le oo_{i,j,h,a} bigM,\ i = 1,2..n;\ j = 1,2...N;\ h = 1..H;\ a = 1..2 \tag{5.11}$$

$$os_{i,j,h,1} + lt_{i,j} - (3 - Y_{i,j,ii,jj,h,1} - oo_{ii,jj,h,1} - oo_{i,j,h,1})bigM - os_{ii,jj,h,1} = QQ_{i,j,ii,jj,h}, 1 \le i \le ii \le n; j, jj = 1,2...N; h = 1..H; \tag{5.12}$$

$$QQ_{i,j,ii,jj,h} \le bigM(5 - 2oo_{ii,jj,h,1} - 2oo_{i,j,h,1}) - lt_{ii,jj} - lt_{i,j}, 1 \le i \le ii \le n; j, j = 1,2...N; h = 1..H; \tag{5.13}$$

$$oo_{i,j,h,1} + lt_{i,j} - (3 - Y_{i,j,ii,jj,h,2} - oo_{ii,jj,h,2} - oo_{i,j,h,1}) bigM - os_{ii,jj,h,2} = QQ2_{i,j,ii,jj,h}, 1 \le i \le ii \le n; j, jj = 1,2...N; h = 1..H; \tag{5.14}$$

$$QQ2_{i,j,ii,jj,h} \le bigM(5 - 2oo_{ii,jj,h,2} - 2oo_{i,j,h,1}) - lt_{i,j} - ut_{i,j}, 1 \le i \le ii \le n; j, jj = 1,2...N; h = 1..H; \tag{5.15}$$

$$Q_{i,j,ii,jj,k,h} \ge 0, \quad 1 \le i \le ii \le n, j, jj = 1,2...N; h = 1..H, k = 1..m \tag{5.16}$$

$$QQ_{i,j,ii,jj,h} \ge 0, 1 \le i \le ii \le n, j, jj = 1,2...N; h = 1..H, k = 1..m \tag{5.17}$$

$$QQ2_{i,j,ii,jj,h} \ge 0, 1 \le i \le ii \le n, j, jj = 1,2...N; h = 1..H, k = 1..m \tag{5.18}$$

Die Zielfunktion des Modells (5.1) und (5.2) stellt die Minimierung der mittleren Durchlaufzeit dar. Die Ungleichung (5.3) sorgt dafür, dass das Entladen der aktuellen Operation beendet ist, bevor der nächste Bearbeitungsschritt möglich ist. Die Belade- und Bearbeitungsschritte müssen abgeschlossen sein, bevor eine Entladung durchgeführt werden kann (5.4). Zur Reduzierung der Binärvariablen wird in den Ungleichungen (5.5) und (5.6) eine optimierte Darstellung verwendet. Es wird sichergestellt, dass zu jeder Zeit maximal ein Auftrag auf einer Maschine bearbeitet wird. Wird der Auftrag von der aktuellen Maschine bearbeitet

($v_{i,j,k}$, $v_{ii,jj,k}$) und führt die Operation der Operator durch ($oo_{ii,jj,h,2}$), dann sorgen die beiden Ungleichungen dafür, dass entweder gilt $s_{ii,jj} - os_{i,j,h,2} - ut_{i,j} = Q_{i,j,ii,jj,k,h}$ und aus $Q_{i,j,ii,jj,k,h} \geq 0$ (5.16) folgt damit $s_{ii,jj} \geq os_{i,j,h,2} + ut_{i,j}$. Damit ist sichergestellt, dass die Startzeit der einen Operation $s_{ii,jj}$ nach der Entladung durch den Operator ($os_{i,j,h,2} + ut_{i,j}$) liegt, also später bearbeitet wird. Alternativ kann die Reihenfolge der Operation vertauscht sein, was aus $bigM + s_{ii,jj} - os_{i,j,h,2} - ut_{i,j}$ $\leq bigM + s_{ii,jj} - os_{i,j,h,2} + ut_{i,j} + s_{i,j} \ -os_{ii,jj,h,2} - ut_{ii,jj}$ mit $Z_{i,j,ii,jj} = 0$ folgt; denn dann gilt $os_{ii,jj,h,2} + ut_{ii,jj} \leq s_{i,j}$ und damit ist dafür gesorgt, dass die Startzeit der einen Operation ($S_{i,j}$) nach dem Abschluss der anderen Operation ($os_{ii,jj,h,2} + ut_{ii,jj}$) liegt. Somit werden Überschneidungen also die gleichzeitige Bearbeitung von zwei Operationen ausgeschlossen. Die Ungleichung (5.7) stellt sicher, dass eine Operation, die von einer bestimmten Maschinengruppe bearbeitet werden muss, von genau einer aus dieser Gruppe bearbeitet wird. Durch (5.8) und (5.9) wird festgelegt, dass die Operatoren zur gleichen Zeit, wie die Maschinen starten. Die Ungleichung (5.10) sorgt dafür, dass genau ein Operator das Be- beziehungsweise Entladen durchführt. Die Ungleichungen(5.11), (5.12) und (5.13) sowie (5.14) und (5.15) sorgen auf ähnliche Weise wie (5.5) und (5.6) dafür, dass ebenfalls bei den Operatoren immer nur eine Operation zeitgleich bearbeitet wird. (5.16) bis (5.18) stellen die Nichtnegativitätsbedingungen sicher.

Der Einsatz der Q, QQ und $QQ2$ Variablen reduziert die Anzahl der benötigten Binärvariablen und reduziert nach Pan und Chen (2005) die Berechnungszeiten für einen mathematischen Solver. Als Solver wird in dieser Untersuchung ILOG CPLEX 11 der Firma IBM eingesetzt.

5.1.3 *Evaluierung*

Anhand des Mini-Fab Szenarios werden verschiedene Prioritätsregeln evaluiert und die Ergebnisse mit den optimalen Ergebnissen verglichen, die mithilfe des Solvers berechnet werden. Sowohl die Maschinen wie auch die Operatoren werden mit verschiedenen Prioritätsregeln gesteuert. Auf Maschinenebene werden die Regeln

- FIFO (first in buffer first out)
- FSFO (first in system first out)
- Rnd (random)
- SPT (shortest processing time first)

verwendet. Die Operatoren werden mit den gleichen Regeln gesteuert, zusätzlich werden dazu die folgenden Regeln eingesetzt:

- MQL (longest machine queue length first) – Der Operator wählt die Operation der Maschine aus, deren Warteschlange am längsten ist.
- SSPT (shortest step processing time first) – Dies ist eine Abwandlung der SPT – Regel, bei der nicht nach der Bearbeitungszeit, sondern nach der Zeit für die aktuelle Tätigkeit (be- beziehungsweise entladen) sortiert wird.

Weiterhin werden Regeln zur Auflösung von Konflikten eingesetzt (engl. tiebreaker), falls zwei Aufträge von einer Regel die gleiche Priorität zugeordnet bekommen.

Statisches Szenario

In der ersten Untersuchung werden die verschiedenen Regelkombinationen in kleinen statischen Szenarien mit 2-50 Aufträgen miteinander verglichen. Das Zielkriterium ist die durchschnittliche Durchlaufzeit und es wird angenommen, dass alle zu bearbeitenden Aufträge zu Beginn bekannt sind und eingelastet werden. In allen vier Szenarien werden sämtliche Regelkombinationen simuliert und mit den Ergebnissen des Solvers verglichen.

Die Ergebnisse sind in Tabelle 5 beziehungsweise Abbildung 11 dargestellt.

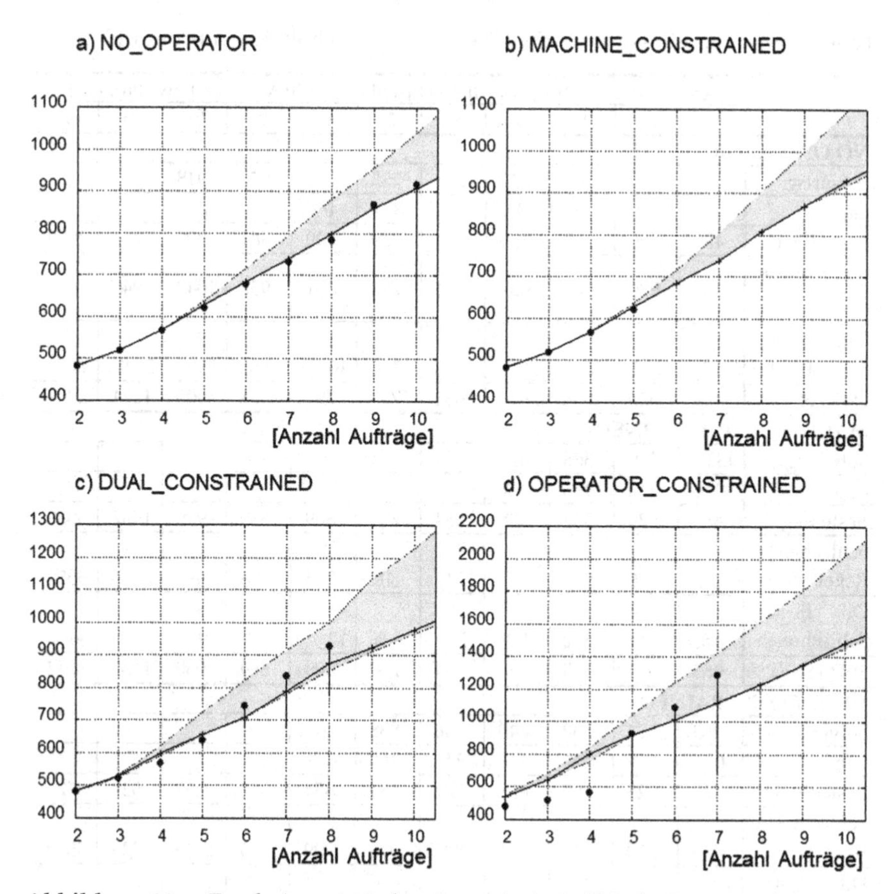

Abbildung 11: Ergebnisse statisches Szenario (vgl. (Scholz-Reiter et al. 2010a)); mit FSFO SSPT [FSFO] – Linie (fett); Solverergebnis - Punkt; gap der Solverlösung – Linie; Lösungsbereich der Regelkombinationen - grauer Bereich

Aufgrund der bereits beschriebenen Komplexität gelingt es dem Solver nur für kleine Instanzen, optimale Lösungen zu finden. In einigen Fällen konnten in vertretbarer Zeit von mehreren Stunden zwar gültige Lösungen gefunden werden, allerdings konnte für diese keine Optimali-

Tabelle 5: Ergebnisse statisches Szenario (vgl. (Scholz-Reiter et al. 2010a))

	Anzahl der Aufträge [mittlere Durchlaufzeit in Minuten bzw. Prozent]										
	2	**3**	**4**	**5**	**6**	**7**	**8**	**9**	**10**	**20**	**50**
NO OPERATOR											
Solverlsg.	483	520	568	622	678	733	785	870	918		
gap	0 %	0 %	0 %	0%	0%	8 %	0%	27 %	37 %		
Beste Regel	483	520	568	628	684	739	799	861	908	1424	2989
Schlechteste Regel	483	520	568	637	716	794	881	956	1040	1940	4616
Dif. Beste-Schlechteste	0 %	0 %	0 %	1 %	5 %	7 %	10 %	11 %	15 %	36 %	54 %
FSFO SSPT*	483	520	568	628	684	739	799	861	908	1424	2989
MACHINE CONSTRAINED											
Solverlsg.	483	520	568	622							
gap	0 %	0 %	0 %	0 %							
Beste Regel	483	520	568	628	684	739	809	869	919	1437	3039
Schlechteste Regel	483	520	568	637	716	804	905	998	1095	2085	5050
Dif. Beste-Schlechteste	0 %	0 %	0 %	1 %	5 %	9 %	12%	15 %	19 %	45 %	66 %
FSFO SSPT*	483	520	568	628	684	739	809	869	930	1437	3042
DUAL CONSTRAINED											
Solverlsg.	483	524	569	640	746	838	930				
gap	0 %	1 %	0 %	3 %	9 %	19 %	16 %				
Beste Regel	483	525	589	655	708	781	854	912	967	1527	3173
Schlechteste Regel	483	530	620	724	823	916	999	1135	1229	2325	5500
Dif. Beste-Schlechteste	0 %	1 %	5 %	11 %	16 %	17 %	17 %	24 %	27 %	52 %	73 %
FSFO SSPT*	483	528	598	656	708	789	875	924	979	1547	3173
OPERATOR CONSTRAINED											
Solverlsg.	483	520	568	929	1088	1272					
gap	0 %	0 %	0 %	33 %	38 %	47 %					
Beste Regel	535	643	756	917	1013	1118	1225	1351	1456	2524	5695
Schlechteste	548	685	842	1041	1243	1423	1616	1807	2022	4024	10010
Dif. Beste-Schlechteste	2 %	6 %	11 %	13 %	23 %	27 %	32 %	34 %	39 %	59 %	76 %
FSFO SSPT*	540	643	803	918	1013	1118	1229	1351	1486	2541	5695

* tiebreaker: FSFO

tät angenommen werden, da zwischen gefundener Lösung und unterer Grenze für diese Instanz eine Lücke bestehen blieb. Dies ist in der Ergebnistabelle als *gap* aufgeführt, beziehungsweise in der Abbildung 11 durch den schwarzen vertikalen Strich dargestellt. Dadurch entsteht der Eindruck, dass die Lösungen vom Solver teilweise schlechtere Ergebnisse liefern als die Prioritätsregeln.

Die Regelkombination FSFO SSPT [FSFO] konnte in vielen Fällen sehr gute Ergebnisse liefern und ist als Referenz in der Abbildung 11 dargestellt. Bei allen vier Szenarien fällt auf, dass die Unterschiede zwischen der besten und schlechtesten Regelkombination mit bis zu 76 % sehr groß sind. Weiterhin sind die Abweichungen zwischen den Regelkombinationen damit untereinander größer als die Abweichung zwischen der besten Regel im Vergleich zur optimalen Lösung. Die unterschiedlichen Ergebnisse der Regelkombinationen sind in Abbildung 11 durch den grauen Bereich dargestellt.

Für die Szenarien (a-c) in Abbildung 11, in denen die Maschinen stärker den Engpass darstellen und die maximale Produktionskapazität beschränken, ist die Leistung der guten Regelkombinationen nah an den optimalen Lösungen, es findet also eine gute Abstimmung zwischen den Ressourcen statt. Im Szenario d), in dem die Operatoren den Engpass darstellen deuten die ersten drei Instanzen an, dass dies hier nicht gut gelingt. Als Grund dafür ist anzunehmen, dass die Operatoren in diesem Szenario zweitrangig gesteuert werden, da die Maschinen zuerst einen Auftrag auswählen und anschließend einen Operator dazu anfordern. Dieses Vorgehen führt zu keiner guten Abstimmung der Operatoren. Es sollte folglich darauf geachtet werden, dass die Ressource, die das Szenario am stärksten beschränkt, vorrangig behandelt wird.

Dynamisches Szenario

Zusätzlich zu den kleinen statischen Instanzen wird ein dynamisches realitätsnahes Szenario betrachtet. Dazu werden die Auftragseinlastungen so gewählt, dass sich auf der Engpassmaschine Auslastungen von

70 %, 80 % und 90 % einstellen. Die Zwischenankunftszeiten werden mit einer exponentiellen Verteilung auf Basis der Systemkapazitäten berechnet (siehe (Law und Kelton 2000)). Simuliert wird eine Zeitspanne von 10 Jahren, wobei das erste Jahr als Einschwingphase ignoriert wird. Insgesamt werden 864 verschiedene Parametereinstellungen simuliert, die sich aus den drei Auslastungen, den vier Operator-Szenarien und den 4 Maschinen-, 6 Operator- und 3 Tiebreaker-Regelkombinationen ergeben. Um die Varianz zu reduzieren, wird der Mittelwert der durchschnittlichen Durchlaufzeit von 20 unterschiedlichen Replikationen jeder Regelkombination berechnet.

In Abbildung 12 sind die Ergebnisse der jeweils besten Regelkombinationen zu den einzelnen Szenarien abgebildet. Die sich bei den unterschiedlichen Einlastungen ergebenden Auslastungen der beiden Ressourcen (Maschinen und Operatoren) werden zusammen mit der resultierenden mittleren Durchlaufzeit dargestellt.

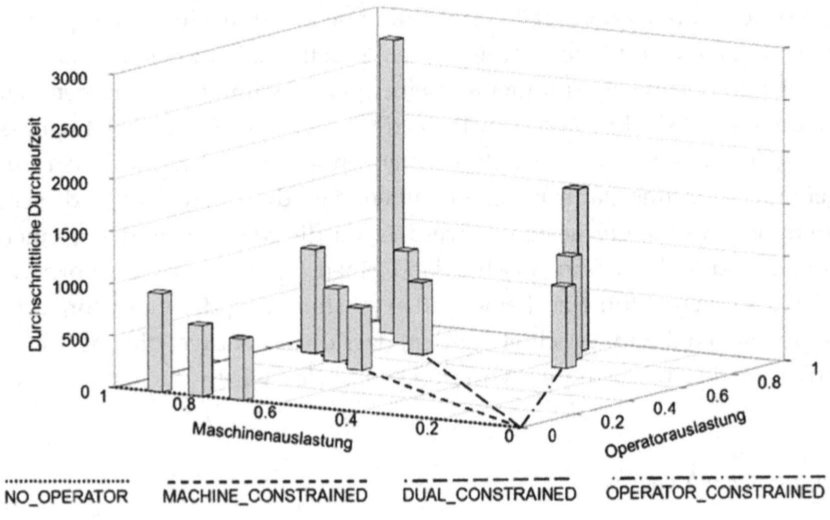

Abbildung 12: Ergebnisse dynamisches Szenario – beste Regelkombinationen (vgl. (Scholz-Reiter et al. 2010a))

Beste Ergebnisse können in den beiden Szenarien mit hoher Operatorkapazität erzielt werden. Bereits in den statischen Szenarien hat sich gezeigt, dass sich die mittlere Durchlaufzeit stark erhöht, wenn eine Kapazitätsbeschränkung durch die Operatoren gegeben ist. Der stärkste Anstieg kann erwartungsgemäß festgestellt werden, wenn beide Ressourcen den Durchsatz gleichermaßen beschränken. Die Untersuchung zeigt, dass die mittlere Durchlaufzeit sehr stark bei 90 %iger Auslastung ansteigt. Dies lässt sich mit einer schlechten Abstimmung zwischen den Ressourcen erklären.

In Tabelle 6 sind die Simulationsergebnisse detailliert aufgeführt. Die Werte stellen den Flussfaktor dar, der sich aus der benötigten Durchlaufzeit geteilt durch die Bearbeitungszeit ergibt. Werden mehr Aufträge eingelastet als bearbeitet werden, gibt es einen Systemüberlauf (engl. system overflow (so)). Dies ist bei einigen Regelkombinationen im DUAL_CONSTRAINED Szenario bei 90 % Auslastung der Fall. Eine in vielen Fällen gute beziehungsweise beste Regelkombination ist FSFO mit SSPT [FSFO]. Allerdings führt eine Auslastung von 90 % im 3 Operatoren Szenario ebenfalls zu einem Systemüberlauf. Überläufe treten nicht auf, wenn die Operatoren mit der MQL-Regel gesteuert werden, bei anderen Auslastungen liegt die mittlere Durchlaufzeit hingegen über denen der besten Regel. Bei einer Auslastung von 80 % im DUAL_CONSTRAINED Fall, liegt die Regelkombination FSFO mit MQL [FIFO] etwa 17,5 % über der Regelkombination FSFO mit SSPT [FSFO].

In der letzten Zeile der Ergebnistabelle sind die Unterschiede zwischen den Regelkombinationen aufgeführt. Es zeigen sich sehr deutliche Abweichungen von fast 300 %. Damit werden die bereits sehr hohen Abweichungen von bis zu 76 % aus den statischen Instanzen deutlich übertroffen.

Tabelle 6: Ergebnisse dynamisches Szenario (Ausschnitt; vgl. Anhang A.2 und (Scholz-Reiter et al. 2009b))

Maschinen Regel [tie breaker]	Operator Regel[tie breaker]	NO_OPERATOR (0 Operator)			MACH_CONSTR. (1 Operator)		
		Auslastung des Bottleneck					
		70 %	80 %	90 %	70 %	80 %	90 %
FIFO	FIFO	1,42	1,74	2,71	1,49	1,94	3,71
FIFO	Rnd	1,42	1,74	2,71	1,5	1,95	3,81
FIFO	SSPT [FSFO]	1,42	1,74	2,71	1,46	1,83	3,08
FSFO	SSPT [FIFO]	**1,32**	**1,52**	**2,13**	**1,34**	**1,56**	**2,25**
FSFO	SSPT [FSFO]	**1,32**	**1,52**	**2,13**	**1,34**	**1,56**	**2,25**
FSFO	SPT [FIFO]	**1,32**	**1,52**	**2,13**	1,35	1,59	2,41
FSFO	MQL [FIFO]	**1,32**	**1,52**	**2,13**	**1,34**	1,58	2,32
Rnd	Rnd	1,42	1,73	2,69	1,49	1,94	3,87
Rnd	SSPT [FSFO]	1,42	1,73	2,69	1,45	1,81	3,05
SPT [FIFO]	MQL [FIFO]	1,37	1,65	2,44	1,4	1,7	2,59
SPT [FSFO]	MQL[FSFO]	1,37	1,65	2,44	1,4	1,7	2,59
SPT [FSFO]	SPT [FSFO]	1,37	1,65	2,44	1,41	1,73	2,69
SPT [Rnd]	MQL [FSFO]	1,37	1,65	2,44	1,4	1,7	2,59
SPT [Rnd]	SPT [FIFO]	1,37	1,65	2,44	1,41	1,72	2,69
Flussfaktor beste Regel		**1,32**	**1,52**	**2,13**	**1,34**	**1,56**	**2,25**
Flussfaktor schlechteste Regel		1,42	1,74	2,71	1,50	1,95	3,87
Durchlaufzeitspanne ((schlechteste-beste)/beste)		8,2 %	14,7 %	27,3 %	12,2 %	24,8 %	72,5 %

Tabelle 6: Fortsetzung

Maschinen Regel [tie breaker]	Operator Regel [tie breaker]	OP_CONSTR. (2 Operatoren)			DUAL_CONSTR. (3 Operatoren)			Durchschnittlicher Flussfaktor (alle Szenarien)
		Auslastung des Bottleneck						
		70 %	80 %	90 %	70 %	80 %	90 %	
FIFO	FIFO	2,26	3,4	8,26	2,22	6,28	so	3,22
FIFO	Rnd	2,29	3,48	8,93	2,27	6,9	so	3,36
FIFO	SSPT [FSFO]	1,88	2,5	4,44	1,76	2,7	so	2,32
FSFO	SSPT [FIFO]	1,83	2,31	3,68	**1,54**	**2,0**	so	**1,95**
FSFO	SSPT [FSFO]	**1,76**	**2,21**	**3,51**	1,58	2,27	so	**1,95**
FSFO	SPT [FIFO]	1,92	2,68	7,26	1,56	2,61	so	2,39
FSFO	MQL [FIFO]	1,95	2,53	4,18	1,66	2,35	**6,56**	2,08
Rnd	Rnd	2,27	3,45	8,91	2,29	7,99	so	3,46
Rnd	SSPT [FSFO]	1,87	2,49	4,44	1,77	2,79	so	2,32
SPT [FIFO]	MQL [FIFO]	2,02	2,77	5,23	1,73	2,53	13,14	2,31
SPT [FSFO]	MQL[FSFO]	1,9	2,63	5,1	1,73	2,55	13,2	2,28
SPT [FSFO]	SPT [FSFO]	2,4	3,94	12,06	2,15	5,23	so	3,37
SPT [Rnd]	MQL [FSFO]	1,9	2,64	5,11	1,73	2,54	13,71	2,28
SPT [Rnd]	SPT [FIFO]	2,35	3,77	10,48	2,12	5	so	3,18
Flussfaktor beste Regel		**1,76**	**2,21**	**3,51**	**1,54**	**2,00**	**6,56**	**1,95**
Flussfaktor schlechteste Regel		2,40	3,94	12,06	2,29	7,99	14,65	3,46
Durchlaufzeitspanne ((schlechteste-beste)/beste)		36,0 %	78,0 %	243,0%	48,6 %	299,6%	123,5 %	77,4 %

5.1.4 Zusammenfassung

Die Reihenfolgeplanung in einem mehrfach beschränkten Problem erfordert für eine gute Zielkriterienerreichung, dass die unterschiedlichen Ressourcen sinnvoll aufeinander abgestimmt werden. Dies ist für Prioritätsregeln aufgrund ihres lokal begrenzten Informationshorizonts schwierig zu erreichen. In dem hier untersuchten Szenario gibt es daher sehr große Leistungsunterschiede zwischen den verwendeten Prioritätsregelkombinationen. Insbesondere ist der Unterschied zwischen gut und schlecht geeigneten Regelkombinationen deutlich größer als der Unterschied zwischen optimalen Lösungen und der jeweils besten Kombination.

Es zeigt sich weiterhin, dass es keine Regelkombination gibt, die innerhalb dieses Szenarios stets die beste Leistung liefert. Bei hoher Auslastung im gleichermaßen von Maschinen und Operatoren beschränktem Szenario sind viele Regelkombinationen nicht in der Lage einen Systemüberlauf zu verhindern, obwohl sie unter anderen Auslastungen die beste Leistung liefern.

5.2 Dynamische Selektion von Prioritätsregeln

Prioritätsregeln erfüllen eine Vielzahl der Anforderungen an eine Steuerungskomponente sehr gut (siehe Kapitel 2.2 und Kapitel 3.1.2). Da Prioritätsregeln je nach Situation, Systemzustand, Zielkriterium usw. unterschiedliche Leistungen liefern, schwankt ihre Lösungsqualität, wie unter anderem die Untersuchung in Kapitel 5.1. zeigt. Um die Lösungsqualität zu verbessern und die Robustheit gegenüber veränderten Rahmenbedingungen zu erhöhen, stellt die dynamische Selektion der Regeln in der jeweiligen Situation einen vielversprechenden Lösungsansatz dar.

Dazu werden zunächst vorgelagerte Simulationsuntersuchungen durchgeführt, die das Verhalten der ausgewählten Regeln in einer breiten Spanne von unterschiedlichen Situationen bestimmen. Der benötigte Rechenaufwand ist je nach Komplexität des Produktionsszenarios sehr hoch und damit ist eine vollständige Simulation aller möglicher Varianten nicht praktikabel. Zum ersten Schritt gehört demnach eine gezielte Versuchsanordnung, die die Simulationsparameter festlegt. Mithilfe dieser statischen Simulationsläufe wird bestimmt, welche Regeln in verschiedenen Situationen zu den besten Ergebnissen führen. Da nicht sämtliche Varianten aufgrund des hohen Aufwandes simuliert werden, wird im Folgenden untersucht, wie nicht bekannte Parameterkombinationen mithilfe von Regressionsmodellen geschätzt werden können. Diese Regressionsmodelle stellen dann die Basis für die Anwendungsphase dar, in der zur Laufzeit passend zum aktuellen Systemstatus die zu verwendeten Regeln selektiert werden. Als Regressionsmethode für dieses Anwendungsgebiet wird aufgrund von vielversprechenden Studien und ihrer bereits beschriebenen Vorteile (siehe Kapitel 3.3) die Gaußsche Prozesse Regression ausgewählt. Zur Einschätzung der Prognosequalität wird ein Vergleich mit der Regression mithilfe neuronaler Netze durchgeführt.

Das allgemeine Vorgehen ist in Abbildung 13 dargestellt. Es gliedert sich in zwei Phasen, die vorgelagerte Offline-Phase und die Anwendungs- beziehungsweise Online-Phase. In der ersten Phase wird bestimmt, unter welchen Bedingungen beziehungsweise Systemzuständen welche Prioritätsregel das ausgewählte Zielkriterium am besten erreicht. Dazu werden einige statische Simulationen mit einer Reihe von Parameterkombinationen durchgeführt. Für die nicht untersuchten Systemzustände werden Prognosen mithilfe der Regressionsmethoden berechnet. So liegen in der Anwendungsphase, also während der tatsächlichen Produktion, für alle Systemzustände Informationen vor, die zur Auswahl der geeignetsten Prioritätsregel benutzt werden können.

Zur weiteren Optimierung der Regressionsmodelle wird eine automatische Fehlererkennung analysiert, die Fehler erkennt, die typischerweise durch zu wenig Datenpunkte innerhalb dieser Anwendung hervorgerufen werden. Weiterhin wird untersucht, wie die Schätzqualität, die die Gaußschen Prozesse für jeden prognostizierten Wert automatisch berechnen, ausgenutzt werden kann, um die Regressionsmodelle kontinuierlich zu verbessern.

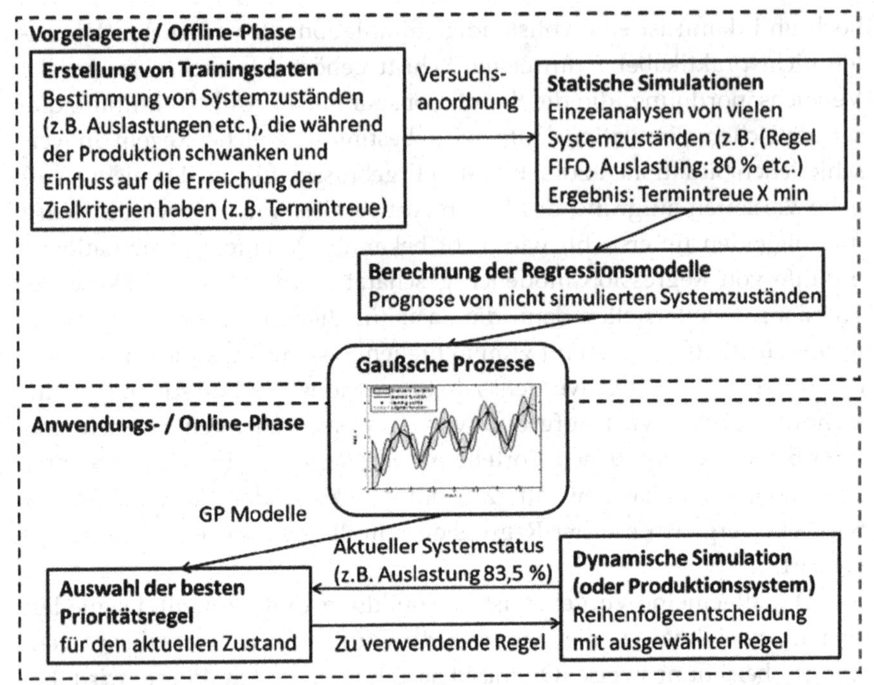

Abbildung 13: Vorgehen zur dynamischen Selektion von Prioritätsregeln (vgl. (Heger et al. 2014))

5.2.1 *Untersuchungsszenario*

Als Untersuchungsszenarien werden die Szenarien der Werkstattfertigung sowie der flexiblen Fließfertigung verwendet, die von Holthaus und Rajendran vorgestellt wurden (Holthaus und Rajendran 1997), (Holthaus und Rajendran 2000). Das Werkstattfertigungsszenario enthält 10 Maschinen und ist damit ausreichend groß, um die Komplexität der Fertigung ausreichend abzubilden; so können Unterschiede beispielsweise von verschiedenen Steuerungskomponenten signifikant nachgewiesen werden (Rajendran und Holthaus 1999) (Wilbrecht und Prescott 1969). Jedem Auftrag, der in das System eingelastet wird, wird eine zufällige

Reihenfolge zugeordnet, in der er von den Maschinen bearbeitet wird. Jede Maschine wird pro Auftrag nur einmal verwendet, reentrante Prozesse werden nicht berücksichtigt. Die Prozesszeiten liegen gleichverteilt zwischen 1 und 49 Minuten. Die Ankunftszeiten der Aufträge werden mit einem Poisson Prozess modelliert, das heißt, die Zwischenankunftszeiten sind exponentiell verteilt (siehe (Law 2007)). Der Mittelwert dieser Verteilung wird so gewählt, dass die gewünschten Auslastungslevel erreicht werden. Die Fertigstellungstermine der Aufträge werden anhand eines Terminfaktors (engl. due-date tightness factor) festgelegt. Der Fertigstellungstermin berechnet sich damit aus dem Terminfaktor multipliziert mit der Prozesszeit zuzüglich des Einlastungszeitpunkts. Wird beispielsweise ein Auftrag zum Zeitpunkt 50 eingelastet und benötigt eine Gesamtprozesszeit von 100 bei einem Terminfaktor von 3, so wird sein Fertigstellungszeitpunkt auf 350 gesetzt.

In den statischen Experimenten zur Generierung der Lerndaten werden jeweils feste Werte für die Auslastung und die Terminfaktoren angenommen. Das Vorgehen orientiert sich an der Versuchsdurchführung von Rajendran und Holthaus (Rajendran und Holthaus 1999). Es wird mit einem leeren System ohne Aufträge begonnen und anschließend werden Aufträge eingelastet bis 2500 bearbeitet wurden. Die ersten 500 werden nicht berücksichtigt, um keine Verfälschung der Ergebnisse aufgrund der Einschwingphase zu erhalten (Panwalkar und Iskander 1977). Es werden 25 verschiedene Auslastungslevel zwischen 0,75 und 0,99 sowie 61 verschiedene Terminfaktoren zwischen 1 und 7 (Schrittweite je 0,01) zu 1525 verschiedenen Parameterkombinationen zusammengefügt. Diese Parameterkombinationen werden jeweils mit 20 beziehungsweise 30 unabhängigen Simulationsläufen (Replikationen) evaluiert und die resultierende mittlere Verspätung der Aufträge bestimmt.

In den dynamischen Experimenten wird das System 12 Monate mit wechselnder Systemauslastung und unterschiedlichen Terminfaktoren für die Aufträge simuliert. Die Auslastung oszilliert zwischen 0,75 und 0,99 mit einer Periodenlänge von 30 Tagen und der zur Generierung der Fertigstellungstermine verwendete Terminfaktor oszilliert zwischen 2 und 7.

5.2.2 *Vergleich von Regressionsverfahren*

Zur Reduktion der Anzahl an Simulationsuntersuchungen werden Regressionsverfahren eingesetzt, die Schätzwerte für die unbekannten Parameterkombinationen liefern. Ändern sich beispielsweise die Auslastungen des Systems und die Terminfaktoren der Aufträge, erhält man durch Simulationsläufe die jeweiligen Verspätungsmittelwerte der Aufträge in Abhängigkeit von den verwendeten Prioritätsregeln. In Abbildung 14 sind diese Ergebnisse für das beschriebene Szenario dargestellt. Zur besseren Übersichtlichkeit handelt es sich nur um einen Ausschnitt der Datenpunkte. Weiterhin werden nur die jeweils besten Ergebnisse angezeigt, sodass die für eine Parameterkombination jeweils beste Prioritätsregel abgelesen werden kann.

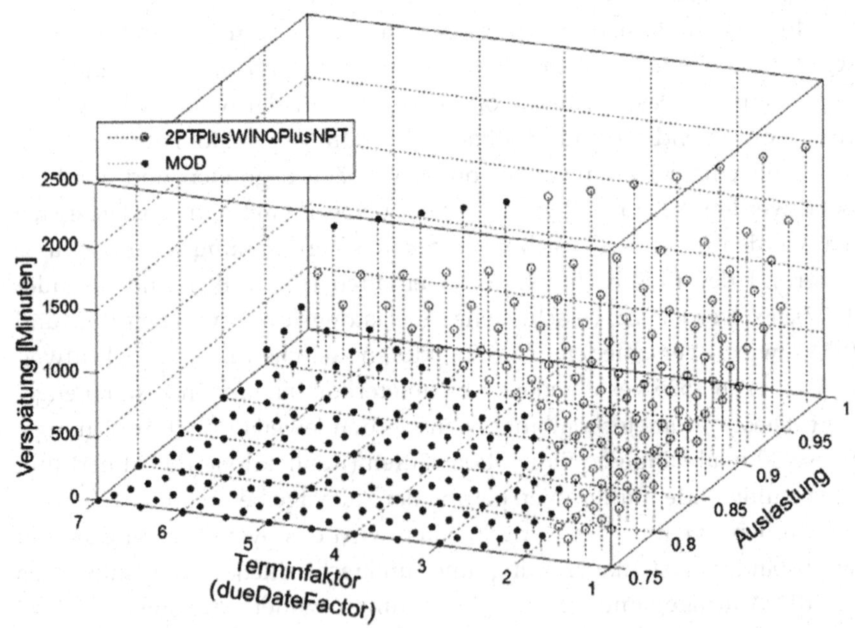

Abbildung 14: Ergebnisse von 1525 statischen Simulationsläufen (Wert der jeweils besten Regel; Ausschnitt; vgl. (Heger et al., 2012))

Auf Basis dieser Daten wird nun eine Vergleichsstudie zwischen der Gaußsche Prozess Regression und den neuronalen Netzen durchgeführt. Weitere Regressionsverfahren in diesem Anwendungsgebiet wurden von Scholz-Reiter et al. untersucht, daher werden an dieser Stelle die weitverbreiteten neuronalen Netze mit den vielversprechenden Gaußschen Prozessen detaillierter untersucht (siehe Kapitel 3 und (Scholz-Reiter et al. 2010b)). Es werden verschieden große Mengen an Lerndaten, das heißt in diesem Fall Parameterkombinationen aus Terminfaktor und Auslastungen, ausgewählt und für das Erstellen der Regressionsmodelle benutzt. Um eine sinnvolle Verteilung der Lerndaten und zusätzlich mehrere unterschiedliche Mengen gleicher Größe zu bestimmen, wird das Latin Hypercube Sampling (LHS) Verfahren angewendet (Siebertz et al. 2010) (McKay et al. 1979). Es werden jeweils 500 verschiedene Mengen mit jeweils 10, 15, 20, 30, 45, 60, 75, 120 und 350 Lerndaten mit dem LHS-Verfahren bestimmt.

Einstellungen der verwendeten Regressionsverfahren

Als neuronales Netz wird ein Multi-Layer-Perzeptronen Netz (MLP) verwendet, das mit dem Levenberg-Marquardt Algorithmus trainiert wird (Marquardt 1963) (Masters 1995) (Fröhlich 2004). Da bei der Anwendung des Levenberg-Marquardt Algorithmus die Gefahr der Überanpassung besteht, wird die Early-Stopping Methode angewendet, die die effektive Modelkomplexität durch vorzeitiges Stoppen des Trainings steuert (Koller 2012) (Bani 2012). Die SigmoidFunktion wird als Transferfunktion verwendet.

In MLP-Netzen ist es für die Prognosequalität wichtig, dass die richtige Anzahl an Neuronen verwendet wird. Geva und Sitte konnten einen Zusammenhang zwischen der Trainingsdatengröße und der Anzahl der Neuronen zeigen (Geva und Sitte 1992). Daher wird für die jeweilige Datenmenge eine Voruntersuchung durchgeführt, um die beste Anzahl an Neuronen zu bestimmen. Dazu werden jeweils Regressionsmodelle erstellt und der Entscheidungsfehler bestimmt. Der Entscheidungsfehler stellt dabei die Summe der Minuten dar, die durch das Auswählen der nicht besten Prioritätsregeln aufgrund falscher Prognosen zusätzlich benötigt werden. Zur Berechnung werden alle 1525 möglichen Kombinationen einmal berücksichtigt. Wird beispielsweise die Parameterkombination bestehend aus einer Auslastung von 0,83 und einem Terminfaktor von 3 untersucht und die neuronalen Netze liefern für die MOD-Regel eine Schätzung von 150 Minuten Verspätung und für die 2PTPlusWINQPlusNPT 180 Minuten, dann würde MOD ausgewählt. Weichen die Schätzungen nun ab und die Auswahl von MOD würde zu 175 Minuten Verspätung führen und 2PTPlusWINQPlusNPT zu 200 Minuten, dann beträgt der Entscheidungsfehler 25. Die absoluten Werte spielen dabei keine Rolle, da es nur um die Entscheidung geht, welche Regel verwendet werden soll.

Die Ergebnisse sind in Tabelle 7 dargestellt und zeigen, dass die richtige Anzahl der Neuronen einen großen Einfluss auf die Qualität der Regressionsmodelle hat. In den folgenden Untersuchungen wird die jeweils beste Einstellung für die neuronalen Netze verwendet.

Tabelle 7: Beste Anzahl an Neuronen in Abhängigkeit von der Trainingsdatengröße und der resultierende Entscheidungsfehler (vgl. (Heger et al. 2012))

	Anzahl an Neuronen					
Trainingsdaten-größe	2	5	10	20	30	50
NN 10	**283,2**	283,9	238,3	299,2	330,6	415,1
NN 15	227,3	**166,8**	195,0	197,9	245,1	347,3
NN 20	127,3	**118,0**	153,6	174,2	211,0	296,0
NN 30	85,0	**82,8**	103,9	144,9	161,2	258,9
NN 45	75,0	**48,9**	59,8	98,4	116,8	168,2
NN 60	51,9	41,8	**41,4**	53,7	99,1	151,4
NN 75	54,4	27,0	**25,8**	29,4	60,7	98,9
NN 120	38,6	18,9	**16,9**	23,5	20,3	61,7
NN 350	25,4	11,5	6,6	**2,5**	3,6	3,7

Die Einstellungen für die Gaußsche Prozess Regression orientieren sich an den Einstellungen der Referenzimplementierungen wie sie Rasmussen und Williams vorgestellt haben (Rasmussen und Williams 2006). Als Kovarianz Funktion wird die quadratische Exponentialfunktion ausgewählt und die automatische Relevanzerkennung (ARD) der Trainingsdaten implementiert (siehe Kapitel 3.2.3, Gleichung 3.14, etc.). Die Erwartungswertfunktion wird mit 0 initialisiert und die Startwerte der Hyperparameter werden an Beispieldaten grob bestimmt. Die Signalvarianz σ_f^2 wird daher mit 0,1 und 2,5 initialisiert und anschließend mit der Maximum-Likelihood-Methode exakt auf die jeweiligen Trainingsdaten angepasst. Sinnvolle Werte für die Rauschvarianz (Hyperparameter σ_n^2) liegen zwischen log(0,01) für eher kleine Trainingsdatenmengen und log(0,1) für größere Mengen (Heger et al. 2012).

Beide Verfahren werden in MATLAB (von The MathWorks) implementiert. Für die neuronalen Netze wird die entsprechende Toolbox (Neural Network Toolbox) verwendet und die Implementierung der Gaußschen Prozesse basiert auf den Beispielen von Rasmussen und Nickisch, beziehungsweise Rasmussen und Williams (Rasmussen und Nickisch 2013) (Rasmussen und Williams 2006).

Vergleich der Regressionsverfahren auf statischen Daten

Wie bei der Voruntersuchung zur Bestimmung der optimalen Neuronenanzahl, werden die Trainingsmengen in Größen zwischen 10 und 350 Datenpunkten gewählt und Regressionsmodelle für jeweils 500 verschiedene Trainingsmengen berechnet. Die Ergebnisse sind in Abbildung 15 mit zweifachem Standardfehler dargestellt. Die Gaußsche Prozess Regression führt bei gleicher Trainingsdatenmenge zu signifikant besseren Ergebnissen im Vergleich zu den neuronalen Netzen. Beide Verfahren können bessere Regressionsmodelle berechnen, wenn sie mehr Datenpunkte zur Verfügung haben. Ab etwa 30 Trainingsdaten sinkt der Fehler bereits auf fast 50 Minuten bei den Gaußschen Prozessen ab, und stellt damit einen sehr geringen Wert dar, insbesondere wenn man diesen mit den absoluten Werten in Abbildung 14 vergleicht.

Für das Berechnen dieses Modells wird mit 30 Datenpunkten nur etwa ein Fünfzigstel der verfügbaren Daten benötigt. Dies belegt, dass eine Vielzahl an Simulationsdurchläufen durch den Einsatz der Regressionstechniken eingespart werden kann. Insbesondere wenn weitere Systemparameter berücksichtigt werden sollen und die Anzahl der möglichen Kombinationen weiter steigt, macht sich dieser Vorteil bemerkbar.

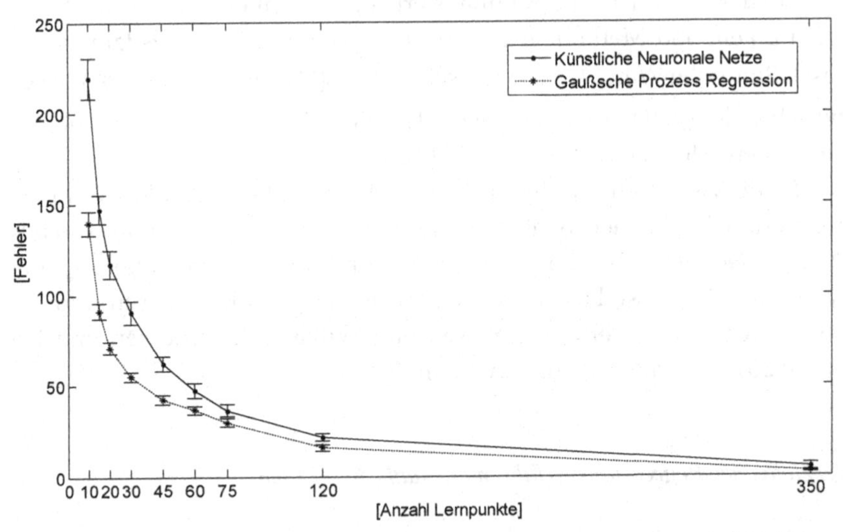

Abbildung 15: Vergleich der Regressionsverfahren (vgl. (Heger et al. 2012))

Vergleich der Regressionsverfahren in dynamischem Szenario

In einem realitätsnahen dynamischen Szenario mit schwankenden Auslastungen und apostle lymoyewechselnden Terminfaktoren, wie es in 5.2.1 beschrieben ist, wird untersucht, ob die Gaußschen Prozesse den neuronalen Netzen gegenüber im Vorteil sind. Dazu werden 50 verschiedene Trainingsmengen mit einer Größe von 30 Datenpunkten mit dem LHS-Verfahren bestimmt und jeweils Regressionsmodelle berechnet.

Diese Modelle werden während der Simulation benutzt, um passend zu dem aktuellen Systemzustand eine Regel auszuwählen. Bei jeder einzelnen Maschine wird vor der Auswahl des nächsten Auftrages zuerst eine Prioritätsregel ausgewählt, die dann die Entscheidung trifft.

Weiterhin werden die Ergebnisse der dynamischen Selektion der Prioritätsregeln mit dem statischen Einsatz der verwendeten Regeln verglichen. Die Ergebnisse dieser Simulationsstudie sind in Abbildung 16 und Tabelle 8 aufgeführt.

Tabelle 8: Ergebnisse der dynamischen Simulationsstudie

Prioritätsregeln	Verspätung [min]	Zweifacher Standardfehler über jeweils 50 verschiedene Lerndatenmengen
2PTPlusWINQPlusNPT	228,3	
MOD	227,3	
NN 30	219,3	(0,97)
GP 30	217,5	(0,74)

Die Simulationsergebnisse des dynamischen Szenarios bestätigen die Ergebnisse der statischen Untersuchung. Die dynamische Regelselektion auf Basis der Regressionsmodelle der Gaußschen Prozesse übertrifft die Ergebnisse der Neuronalen Netzen im Vergleich signifikant (zweifacher Standardfehler, siehe Tabelle 8). Die Hilfslinie bei 218,3 zeigt die Signifikanz an (NN 30: 219,3 - 0,97 > 218,3 und GP 30: 217,5 + 0,74 < 218,3).

Im Vergleich zu den Standardregeln konnte die mittlere Verspätung um über 4 % mithilfe der Gaußschen Prozesse verbessert werden. Dazu waren nur 30 Trainingsdatenpunkte notwendig.

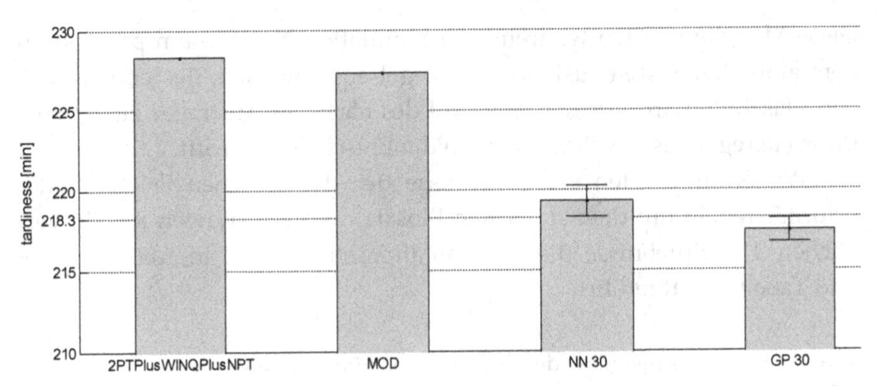

Abbildung 16: Simulationsergebnisse dynamische Regelselektion (30 Lerndatenpunkte mit jeweils 50 verschiedenen Mengen; vgl. (Heger et al. 2012))

5.2.3 *Verbesserung der Gaußsche Prozess Regressionsmodelle*

In diesem Abschnitt werden zwei Ansätze zur Verbesserung der Regressionsmodelle vorgestellt. Zuerst wird untersucht, wie dynamisch weitere Lerndaten zu den Modellen hinzugefügt werden können, um gezielt deren Prognosen zu verbessern. Weiterhin wird eine automatische Fehlererkennung vorgestellt, die dazu beiträgt, dass unzureichende Modelle erkannt werden, die für einen Großteil der Fehler verantwortlich sind.

Dynamisches Hinzufügen von Lerndaten

Ein Vorteil der Gaußsche Prozesse Regression ist, dass sie eine Prognosequalität liefern, das heißt, sie geben eine Schätzung und einen Schwankungsbereich für diese Schätzung ab. Andere Regressionsverfahren, wie die neuronalen Netze, liefern solche Schätzungen standardmäßig nicht. In Abbildung 8 (siehe 3.2.3) ist diese Schätzqualität durch den grauen Bereich dargestellt. In der folgenden Untersuchung wird eine Möglichkeit aufgezeigt, wie die Schätzung der Prognosequalität ausgenutzt werden kann, um das verwendete Regressionsmodell kontinuierlich zu verbessern (Heger et al. 2013a) (Scholz-Reiter et al. 2010b)). Dabei ist die Idee, an Stellen, wo das Regressionsmodell eine hohe Unsicherheit besitzt, zusätzliche Datenpunkte hinzuzufügen, um die Prognosequalität in diesem Bereich zu erhöhen.

Für die Untersuchung wird zur Vereinfachung ein gröberes Raster der Simulationsdaten aus Abbildung 14 verwendet, bestehend aus 270 Datenpunkten. Die Auslastungen liegen zwischen 0,7 und 0,99 bei einer Schrittweite von 0,01 und die Terminfaktoren liegen zwischen 2 und 10 bei einer Schrittweite von 1. Die Daten werden zufällig in drei gleichgroße Mengen aufgeteilt und jeweils eine Menge wird zur Evaluation genutzt, wohingegen aus den jeweils verbleibenden 180 Datenpunkten zufällig drei Mengen mit jeweils 20 Datenpunkten gezogen werden. Aus diesen 20 Datenpunkten werden mithilfe der Gaußschen Prozesse Regressionsmodelle für die einzelnen Prioritätsregeln berechnet. Die Größe der Trainingsdatenmengen wird auf 20 gesetzt, da die Regressionsmodelle bereits sinnvolle Ergebnisse liefern, andererseits aber weiteres Verbesserungspotential besteht (siehe Abbildung 15).

Es werden schrittweise die jeweils 90 Evaluierungsdaten als Beispielsystemzustände angenommen und auf Basis der Regressionsmodelle wird die vermeintlich beste Prioritätsregel ausgewählt. Die Entscheidungsfehler (siehe oben) werden aufsummiert. Die Entscheidung, ob ein weiterer Datenpunkt den Trainingsdaten hinzugefügt wird, hängt von der Schätzqualität des abgefragten Wertes und eines festzulegenden Grenzwertes ab. Liegt die Prognosequalität des Modells der vermeintlich besten Prioritätsregel über dem Grenzwert, wird an dieser Stelle der exakte Wert durch Simulationsexperimente bestimmt und es werden neue Regressionsmodelle für alle Regeln berechnet. Diese Modelle werden für die aktuelle wie für nachfolgende Entscheidungen zugrunde gelegt. So verbessern sich die Modelle kontinuierlich. Bereits getroffene Entscheidungen, die auf Schätzungen basieren ohne den Grenzwert zu unterschreiten profitieren nicht mehr von den neuen Modellen. Bei kleineren Grenzwerten werden entsprechend mehr nachträgliche Datenpunkte berechnet, bei großen Grenzwerten eher wenig. Für diese Untersuchung werden Grenzwerte zwischen 5 und 500 Minuten betrachtet. Bei einem Grenzwert von 500 Minuten werden keine neuen Punkte hinzugefügt und der Entscheidungsfehler bleibt mit über 1000 Minuten sehr groß (siehe Tabelle 9).

Ein Grenzwert von 100 Minuten führt im Durchschnitt zu weniger als 4 weiteren Trainingspunkten und reduziert den Entscheidungsfehler deutlich auf 405,6 Minuten. Weitere Verringerungen des Entscheidungsfehlers sind möglich, allerdings steigt die Anzahl an zusätzlichen Trainingspunkten bei geringer Fehlerreduktion stark an.

Tabelle 9: Grenzwerte, Entscheidungsfehler und resultierende Anzahl an Trainingspunkten

Grenzwert [Minuten]	Entscheidungsfehler [Minuten]	Durchschnittliche Anzahl an Trainingspunkten
5	297,6	54,6
10	382,7	44,3
12	306,5	40,3
19	292,1	35,2
20	261,4	35,7
30	332,8	33,1
50	365,5	28,1
70	403,9	25,8
100	405,6	23,7
150	464,9	22,3
200	857,2	21,3
300	1011,1	20,7
500	1069,3	20,0

Die Ergebnisse sind in Abbildung 17 visualisiert. Wird ein für die Anwendungsdaten geeigneter Grenzwert bestimmt, lassen sich die Regressionsmodelle sehr gezielt kontinuierlich verbessern und die Prognosequalität erhöhen. Zu kleine Grenzwerte, die zu sehr vielen zusätzlichen Trainingspunkten führen, erscheinen nicht besonders sinnvoll, da einerseits der Entscheidungsfehler nur geringfügig reduziert werden kann und es andererseits sinnvoller ist, von Beginn an mehr Trainingspunkte zu verwenden (siehe Abbildung 15).

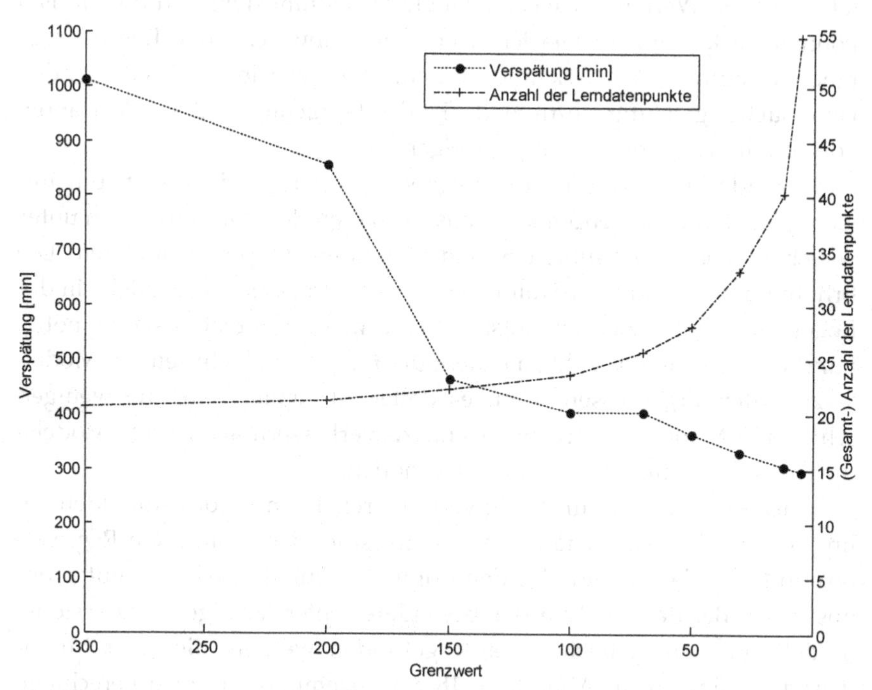

Abbildung 17: Dynamische Addition von Lerndaten (vgl. (Heger et al. 2013a) und (Scholz-Reiter et al. 2010b))

Automatische Fehlererkennung in Regressionsmodellen

Nicht optimale Entscheidungen bei der Auswahl von Prioritätsregel basierend auf den Regressionsmodellen führen zur schlechteren Erreichung der Zielkriterien. Liegen die Ergebnisse zweier Prioritätsregeln nah beieinander ist zwar die Wahrscheinlichkeit für die ungünstigere Selektion höher, allerdings ist die Auswirkung entsprechend gering. Zu einer deutlichen Verschlechterung der logistischen Leistung führen also Fehlentscheidungen, bei denen sich die Ergebnisse der Prioritätsregeln deutlich unterscheiden und die schlechtere ausgewählt wird. Diese treten in der Regel dann auf, wenn einzelne Regressionsmodelle sehr stark von den tatsächlichen Werten abweichen. Die Entscheidungsfehler in diesem Fall können stark reduziert werden, wenn diese abweichenden Regressionsmodelle (automatisch) erkannt werden. Dazu werden in der folgenden Untersuchung häufig auftretende Fehler betrachtet und ein Verfahren vorgestellt, dass Abweichung aufzeigen kann.

Grundsätzlich werden die Regressionsmodelle eingesetzt, um mit wenig bekannten Datenpunkten, das Verhalten der Prioritätsregeln unter verschiedenen unbekannten Systemzuständen zu prognostizieren. Die Erhöhung der Anzahl an Trainingspunkten verbessert die Modelle in der Regel, allerdings werden entsprechend mehr Simulationsläufe nötig. Führt die gewählte Anzahl an Datenpunkten für die Mehrheit der Modelle zu guten Ergebnissen, kann es daher sinnvoller sein, die wenigen schlechten Modelle zu erkennen und zu verbessern als für alle Modelle die Anzahl an Simulationsläufen zu erhöhen.

Insbesondere bei nur wenig verfügbaren Trainingsdatenpunkten gelingt es mit der Gaußsche Prozess Regression nicht immer ein Regressionsmodell zu berechnen, das den originalen Funktionsverlauf gut prognostiziert. Bei der Analyse der besonders fehlerträchtigen Regressionsmodelle können vielfach Verläufe gefunden werden, die einer Mittelwertkurve ähneln. In Abbildung 18 sind exemplarisch zwei berechnete Regressionskurven mit unterschiedlichen Parametern dargestellt. Die gelernte Funktion 2 liegt dabei sehr nah an der Originalfunktion, wohingegen die gelernte Funktion 1 einer Mittelwertkurve ähnelt. Dieses Problem tritt dann auf, wenn einerseits nur wenig Datenpunkte vorliegen und es andererseits nicht gelingt, die Hyperparameter sinnvoll zu bestimmen (siehe 3.2.3). Würde man die gelernte Funktion 1 für die Selektion der Prioritätsregeln verwenden, dürfte ein hoher Entscheidungsfehler die Konsequenz sein.

Zur automatischen Erkennung dieser stark abweichenden Modelle wird ein Vergleichsmodell benötigt, da die Originaldaten wie im Beispiel nicht vorliegen. Dieses Vergleichsmodell kann mithilfe einer alternativen

Kovarianzfunktion berechnet werden. Liegt eine große Differenz zwischen diesen Modellen vor, so muss eines der Modelle eine schlechte Prognose liefern. Die alternative Kovarianzfunktion sollte so unterschiedlich sein, dass sie nicht zu einem ähnlichen Modell mit ebenfalls großer Abweichung führt. Da es nicht darum geht, kleine Abweichungen, sondern große Ausreißer zu erkennen, stellt es keine Schwierigkeit dar, wenn die alternative Kovarianzfunktion zu Detailabweichungen beziehungsweise schlechteren Prognosen führt.

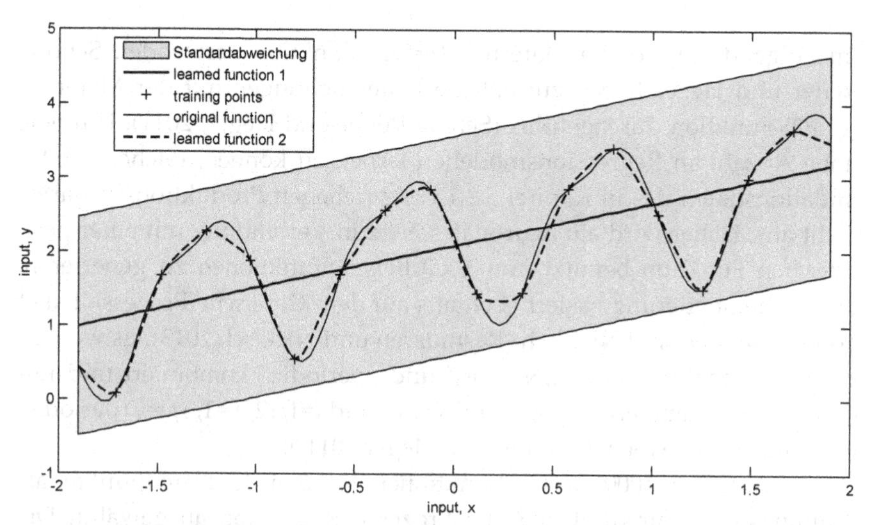

Abbildung 18: Beispiel für einen typischen Fehler beim Generieren von Regressionsmodellen (vgl. (Scholz-Reiter und Heger 2011))

Für die Untersuchung wird die quadratische Exponentialfunktion (siehe Kapitel 3.2.3) weiterhin als Kovarianzfunktion gewählt; für die Vergleichsmodelle wird die Matérn Kovarianzfunktion verwendet. Die Matérn Funktion besitzt mehrere Parameter, von denen der Parameter v im Bereich des maschinellen Lernens in der Regel den Wert 3/2 oder 5/2 annimmt (Rasmussen und Williams 2006).

$$k_{v=p+1/2}(r)\exp\left(-\frac{\sqrt{2v}r}{l}\right)\frac{\Gamma(p+1)}{\Gamma(2p+1)}\sum_{i=0}\frac{(p+i)!}{i!(p-i)!}\left(\frac{\sqrt{8v}r}{l}\right)^{p-i} \tag{5.19}$$

$$k_{v=3/2}(r)=\left(1+\frac{\sqrt{3}r}{l}\right)\exp\left(-\frac{\sqrt{3}r}{l}\right) \tag{5.20}$$

$$k_{v=5/2}(r)=\left(1+\frac{\sqrt{5}r}{l}+\frac{5r^2}{3l^2}\right)\exp\left(-\frac{\sqrt{5}r}{l}\right) \tag{5.21}$$

Im Folgenden wird die Matérn 5 (v=5/2) Funktion verwendet. Scholz-Reiter und Heger haben zusätzliche Untersuchungen mit der Matérn 3 (v=3/2) Funktion durchgeführt (Scholz-Reiter und Heger, 2011). Um eine hohe Anzahl an Regressionsmodellen lernen zu können, reichen die Simulationsdaten des in Kapitel 5.2.1 beschriebenen Produktionsszenarios nicht aus. Daher wird ein neuronales Netz in Verbindung mit einer periodischen Funktion benutzt, um 1000 Beispielfunktionen zu generieren. Die Implementierung basiert ebenfalls auf dem Gaußsche Prozesse Paket von Rasmussen und Nickisch (Rasmussen und Nickisch 2013). Es werden die Kovarianzfunktionen „NNone" und „periodic" kombiniert und mit den Hyperparametern l=1; sf =1 (NNone) und l=1/12, p=1, sf =1 (periodic) initialisiert (siehe (Scholz-Reiter und Heger 2011)).

Aus diesen 1000 Beispielfunktionen werden 13 Datenpunkte als Trainingsdaten für die Gaußsche Prozesse Regression ausgewählt. Die Regressionsmodelle werden sowohl mit der quadratischen Exponentialfunktion sowie mit der Matérn 5 Funktion berechnet. Für die quadratische Exponentialfunktion wird jeweils der Fehler, das heißt die Differenz zur Originalfunktion berechnet. Zusätzlich wird die Differenz der Matérn 5 Funktion zur quadratischen Exponentialfunktion berechnet und stellt somit die Abweichung der beiden gelernten Regressionsmodelle dar.

Die Ergebnisse sind in Abbildung 19 dargestellt. Bei der Mehrheit der Funktionen sind sowohl der Fehler wie auch der Unterschied zwischen den Regressionsmodellen sehr gering. Dies bedeutet, dass die Modelle die Originalfunktion sehr gut prognostiziert haben. In den Fällen mit großem Fehler, das heißt großer Differenz zwischen der quadratischen Exponentialfunktion und der Originalfunktion, tritt in sehr vielen Fällen eine ebenfalls große Differenz zwischen der Matérn 5 und der quadratischen Exponentialfunktion auf.

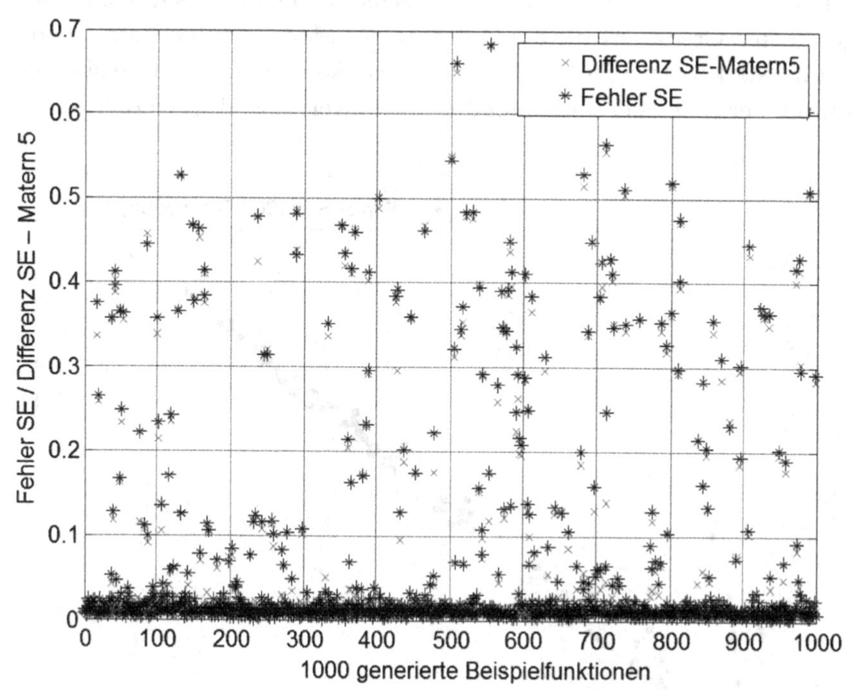

Abbildung 19: Fehler der Regressionsmodelle mit SE – Kovarianz Funktion und Differenz zur Matérn Kovarianz Funktion (vgl. (Scholz-Reiter und Heger 2011))

In Abbildung 20 ist der Zusammenhang zwischen der Differenz der quadratischen Exponentialfunktion zur Matérn 5 gegen den Fehler, das heißt der Differenz zwischen quadratischer Exponentialfunktion und Originalfunktion aufgetragen. Es stellt sich ein linearer Zusammenhang dar, je höher die Differenz der Kovarianzfunktionen ist, umso höher ist entsprechend der Fehler. Weiterhin zeigt sich, dass die Mehrheit der Regressionsmodelle nur einen geringen Fehler besitzt.

Ziel ist es mithilfe der zweiten Kovarianzfunktion und dessen Regressionsmodellen große Abweichungen zu erkennen, die in der Regel durch fehlgeschlagene Hyperparameteranpassung oder Ähnliches entstanden sind. Für jedes Anwendungsgebiet ist es daher sinnvoll, einen geeigneten Grenzwert für die Differenz der Modelle zu bestimmen, um nur die starken Ausreißer zu erkennen. Dies kann beispielsweise über die Anzahl der Fälle über und unter dem Grenzwert festgelegt werden.

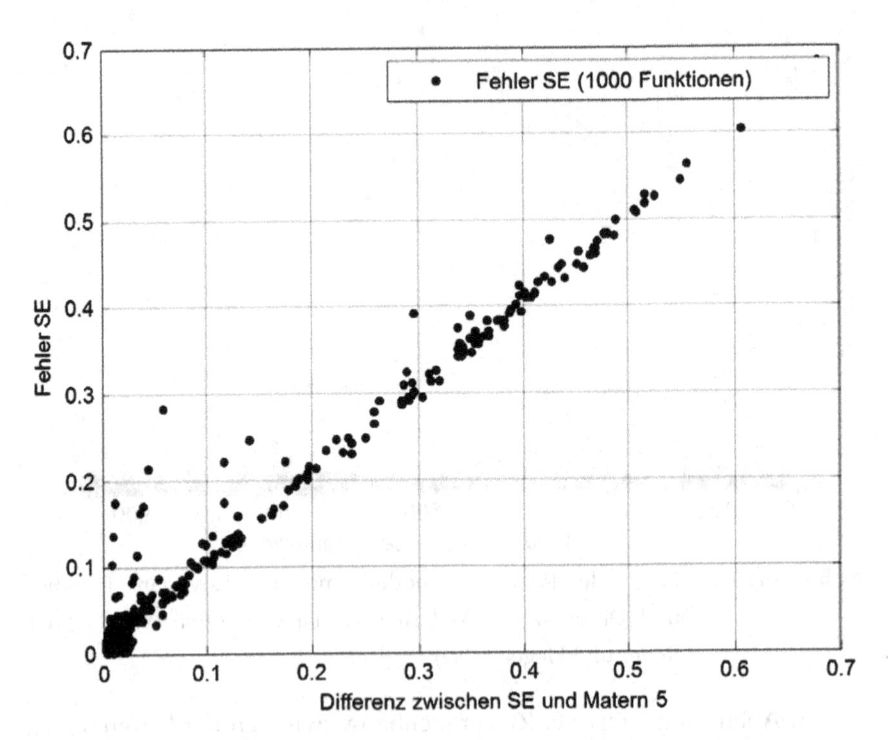

Abbildung 20: Korrelation zwischen Fehler der SE-Kovarianz Funktion und Differenz zur Matérn Kovarianz Funktion (vgl. (Scholz-Reiter und Heger 2011))

In Tabelle 10 sind die Ergebnisse dieser Untersuchung dargestellt. Es werden zu verschiedenen Grenzwerten für die Differenz zwischen den beiden Kovarianzfunktionen die entsprechende Anzahl an Funktionen und der Gesamtfehler, für den sie verantwortlich sind, aufgeführt. Die Zahlen belegen, dass bereits 10 % der fehlerhaften Regressionsmodelle für fast zwei Drittel des Gesamtfehlers und ~20 % der fehlerhaften Modelle für über 80 % des Gesamtfehlers verantwortlich sind.

Tabelle 10: Korrelation zwischen der Anzahl an Funktionen und Gesamtfehler bei Überschreitung von Differenzen zwischen SE und Matérn Kovarianzfunktionen (vgl. (Scholz-Reiter und Heger 2011))

Grenzwert (Differenz zwischen SE und Matern)	Anzahl an Regressionsmodellen über dem Grenzwert [%]	Gesamtfehler der Regressionsmodelle über dem Grenzwert [%]
0,25	9,0	61,5
0,20	10,7	64,8
0,15	11,8	69,2
0,10	14,4	74,4
0,075	15,5	76,1
0,05	18,2	78,2
0,03	20,8	81,3
0,02	32,3	82,8

Das automatische Erkennen von deutlich fehlerhaften Regressionsmodellen macht den gesamten Ansatz der dynamischen Selektion von Prioritätsregeln robuster, da aufgrund schlechter Prognosen weniger ungünstige Auswahlen getroffen werden. Andererseits kann die Fehlererkennung genutzt werden, um die gleiche Prognosequalität mit weniger Trainingsdaten zu erzielen. Da der Rechenaufwand für die Berechnung der Regressionsmodelle in der Regel deutlich geringer ist, als der für aufwendige Simulationsstudien, stellt dieser Ansatz eine gute Möglichkeit dar, den benötigten Rechenaufwand zu reduzieren.

5.2.4 Evaluierung: Dynamische Selektion von Prioritätsregeln

Abschließend zur Untersuchung zur dynamischen Selektion von Prioritätsregeln wird ein Vergleich zwischen den Standardregeln und der dynamischen Selektion der Regeln mithilfe der Gaußschen Prozesse Regression mit unterschiedlichen großen Trainingsmengen durchgeführt. Die Performance der Standardregeln: FCFS, EDD, SPT, 2PTPlusWINQPlusNPT und MOD (siehe Kapitel 3.1.2 und [Heger et al. 2013b]) ist in Abbildung 21 dargestellt. Es zeigen sich sehr deutliche Unterschiede der Regeln in diesem Szenario (siehe Kapitel 5.2.1). Die FCFS-Regel führt zu einer zweieinhalbfachen durchschnittlichen Verspätung im Vergleich zu den beiden besten Regeln: 2PTPlusWINQPlusNPT und MOD. Die EDD und SPT Regeln führen zu ebenfalls deutlich höheren durchschnittlichen Verspätungen der Aufträge.

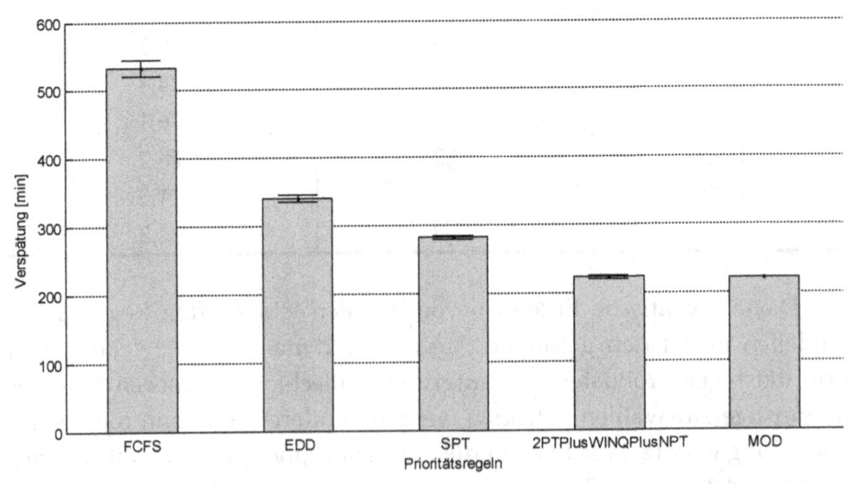

Abbildung 21: Simulationsergebnisse Vergleich Standardregeln (30 Replikationen; vgl. [Heger et al., 2013b])

Zur Signifikanzuntersuchung wird der Standardfehler der einzelnen Regeln beziehungsweise Verfahren berechnet. Da dies in allen Fällen nicht ausreichend für eine Signifikanzaussage ist, wird zusätzlich der

Paardifferenzentest (engl. paired t-test) durchgeführt (Law 2007). Die Signifikanz wird damit zwischen zwei Regeln bestimmt; es lässt sich damit keine direkte Aussage zu einer dritten Regel ableiten. Die MOD-Regel ist die beste Standardregel und daher werden alle Regeln paarweise mit der MOD-Regel verglichen. Um die Signifikanz zu überprüfen, wird die paarweise Differenz der einzelnen Replikation der Regeln miteinander vergleichen. In dieser Untersuchung werden jeweils 30 Replikationen der Simulation durchgeführt, bei denen die Verteilungen für die Zwischenankunftszeiten, die Bearbeitungszeiten und die Maschinenbearbeitungsreihenfolgen jeweils zufällig bestimmt werden. Unterschiedliche Replikationen liefern demnach abweichende Ergebnisse, allerdings werden die zufällig bestimmten Werte für alle Regeln verwendet und innerhalb der Replikationen herrschen damit die gleichen Bedingungen vor.

Die Berechnung des Paardifferenztests wird mit den folgenden Gleichungen beschrieben:

Mit
$$\overline{Z}(n) = \frac{\sum_{j=1}^{n} Z_j}{n} \tag{5.4}$$

und
$$\widehat{Var}\left[\overline{Z}(n)\right] = \frac{\sum_{j=1}^{n}\left[Z_j - \overline{Z}(n)\right]^2}{n(n-1)} \tag{5.5}$$

kann das Konfidenzintervall der Sicherheit 100 (1-α) Prozent wie folgt berechnet werden:
$$\overline{Z}(n) \pm t_{n-1,1-\frac{\alpha}{2}} = \sqrt{\widehat{Var}\left[\overline{Z}(n)\right]} \tag{5.6}$$
Die Z_j stellen die Differenz der einzelnen $j = 1..n$ Replikationen dar.

Wenn das berechnete Intervall die 0 nicht beinhaltet, gilt das Signifikanzlevel abhängig vom α. Die in Tabelle 11 dargestellten Ergebnisse zeigen, dass in den meisten Fällen bereits der zweifache Standardfehler zum

Nachweisen der Signifikanz ausreicht. In den übrigen Fällen kann eine Signifikanz mit 99 % Sicherheit mithilfe des Paardifferenzentests nachgewiesen werden. Nur für die beiden Regeln 2PTPlusWINQPlusNPT und MOD konnte ein sehr geringer Unterschied und keine signifikante Besserstellung festgestellt werden.

Da MOD sich in diesem dynamischen Szenario mit wechselnder Auslastung und unterschiedlich engen Fertigstellungsterminen als beste Standardregel erweist, wird sie als Vergleichsregel für den Vergleich mit der dynamischen Selektion der Regeln ausgewählt. In Tabelle 11 und Abbildung 22 sind die Ergebnisse aufgeführt, die mithilfe der Regressionsmodelle und der dynamischen Selektion der Regeln erreicht werden.

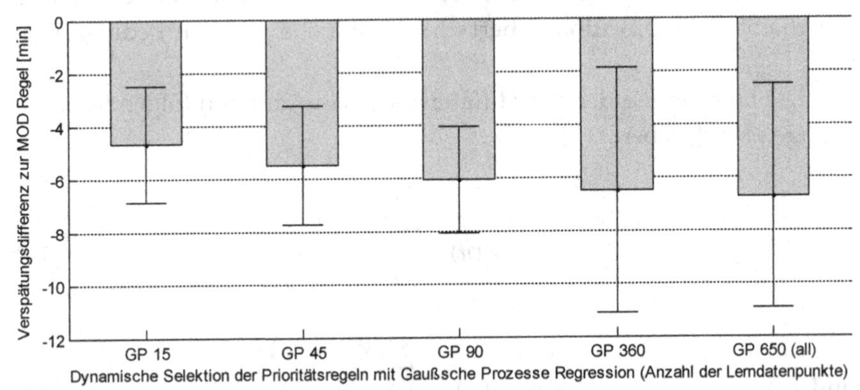

Abbildung 22: Simulationsergebnisse dynamische Selektion von Regeln im Vergleich zur besten Standardregel MOD (vgl. (Heger et al. 2013b))

Bereits mit nur 15 Trainingspunkten können Regressionsmodelle berechnet werden, die zu einer signifikanten Verbesserung im Vergleich zur MOD-Regel führen. Dabei kann die durchschnittliche Verspätung der Aufträge um fast 5 % (4,71 %) reduziert werden. Die Modelle basierend auf 650 Trainingspunkten können die mittlere Verspätung um 6,73 % gegenüber dem ausschließlichen Einsatz der MOD-Regel reduzieren. Die FCFS-Regel hingegen erhöht die mittlere Verspätung um über 250 %. Bemerkenswert an diesen Ergebnissen ist, dass die beiden besten Regeln in diesem Szenario etwa die gleiche Performance liefern, die gezielte Selektion zwischen ihnen hingegen zu den genannten Verbesserungen führt.

Tabelle 11: Simulationsergebnisse mit 99 % Signifikanz (vgl. (Heger et al. 2013b))

Prioritätsregel	Durchschnittliche Verspätung [Minuten]	Differenz zu MOD [Minuten]	Differenz zu MOD [%]	Standardfehler	Paired-t Konfidenz zu MOD 99 % Intervall [Intervalldelta]
FCFS	532,8	310,3	139,48	11,3	12,14 [298,2; 322,4]
EDD	340,7	118,2	53,13	7,1	5,08 [113,1; 123,3]
SPT	282,2	60,4	26,85	7,8	2,99 [57,4; 63,4]
2PT-Plus-WINQ-Plus-NPT	222,9	0,4	0,19	6,3	2,32 [-1,9; 2,7] (nicht signifikant)
MOD	222,5	0	0	7	0.00
GP 15	212	-10,47	-4,71	6,4	2,19 [209,8; 214,2]
GP 45	210,3	-12,19	-5,48	6,3	2,24 [208,1; 212,5]
GP 90	209,01	-13,46	-6,05	6,5	2,00 [207,0; 211,0]
GP 360	207,99	-14,49	-6,51	6,2	4,62 [203,4; 212,6]
GP 650	207,5	-14,97	-6,73	6,5	4,22 [203,3; 211,7]

5.2.5 *Zusammenfassung*

Die dynamische Selektion von Prioritätsregeln kann genutzt werden, um die logistische Leistung von Standardregeln gezielt und situationsbedingt zu verbessern. Dies wird möglich durch vorgelagerte Simulationsstudien und den Einsatz von Regressionsmethoden. Die Gaußsche Prozesse Regression ist dazu sehr gut geeignet und übertrifft die Performance der vielfach eingesetzten neuronalen Netze in diesem Anwendungsgebiet signifikant.

Die spezifischen Vorteile der Gaußschen Prozesse, wie die Prognosequalität, können genutzt werden, um beispielsweise eine kontinuierliche Verbesserung der Regressionsmodelle zu implementieren. Auf diese Weise wird die Robustheit des gesamten Ansatzes weiter erhöht und die Performance verbessert.

Das vorgestellte Verfahren zur automatischen Fehlererkennung führt ebenfalls zu einer Erhöhung der Robustheit und reduziert die benötigte Anzahl an Simulationsexperimenten beziehungsweise erhöht die Qualität der Modelle bei gleicher Trainingspunkteanzahl.

5.3 Dynamische Adaption von Regelparametern

In vielen Produktionsprozessen fallen zwischen der Produktion verschiedener Produkte auf einer Maschine Rüstzeiten an. Diese hängen in der Regel von der Art beziehungsweise der Unterschiedlichkeit der Produkte ab. Zwischen Produkten der gleichen Familie sind diese häufig sehr gering; sind größere Änderungen von Nöten, steigt der Aufwand für das Umrüsten stark an. Diese reihenfolgeabhängigen Rüstzeiten können im Extremfall die Bearbeitungszeiten weit überschreiten [Scholz-Reiter et al., 2008b]. Ihre Berücksichtigung in der Reihenfolgeplanung ist daher von hoher Bedeutung.

Je nach Situation und gesetztem Zielkriterium sind unterschiedliche Strategien sinnvoll. Beispielsweise ist bei geringer Systemauslastung häufiges Rüsten, um höher priorisierte Aufträge zu bevorzugen, in der

Regel ein geschicktes Vorgehen, da die zusätzlichen Rüstzeiten vertretbar sind. Ist die Systemauslastung hoch, ist die Vermeidung von zu häufigem Rüsten unerlässlich, da das System andernfalls droht, die Auftragsmenge nicht mehr bewältigen zu können.

Speziell für Szenarien mit Rüstzeiten haben Lee et al. die ATCS-Regel (siehe 3.1.2) entwickelt [Lee et al., 1997]. Die Regel besitzt zwei Parameter, die ihr Verhalten beeinflussen. Der erste Skalierungsfaktor k_1 beeinflusst das Verhalten der Regel so, dass entweder verstärkt auf den Durchsatz der Aufträge optimiert wird oder auf deren Verspätung geachtet wird. Der zweite Skalierungsfaktor k_2 gewichtet, wie stark die Rüstzeiten die Prioritätsbestimmung beeinflussen. Die Zielkriterienerreichung hängt für jedes Szenario und dessen aktuellem Systemzustand direkt von der Wahl geeigneter Skalierungsfaktoren ab. [Lee et al., 1997] [Mönch, 2007] [Pickardt und Branke, 2011]

Um die ATCS-Regel auf wechselnde Rahmenbedingungen anzupassen, wird ein ähnlicher Ansatz wie bei der dynamischen Selektion der Prioritätsregeln (siehe 5.2) angewendet. Anstatt zwischen verschiedenen Regeln auszuwählen, werden die Skalierungsparameter k_1 und k_2 regelmäßig und situationsabhängig bestimmt und so das Verhalten der ATCS-Regel beeinflusst.

Ähnlich wie bei der Selektion der Prioritätsregeln ist es dazu erforderlich, die besten Parameter für die jeweilige Situation zu kennen. Bestimmt werden diese Parameter durch vorgelagerte Simulationsstudien. Um die Anzahl der benötigten Simulationsläufe zu reduzieren, werden nur gezielte Untersuchungen durchgeführt und aus diesen Daten Regressionsmodelle berechnet. Auf Basis dieser Modelle können anschließend in der Anwendungsphase die geeignetsten Parameter für die ATCS – Regel dynamisch bestimmt werden. Dieses Vorgehen ist in Abbildung 23 dargestellt.

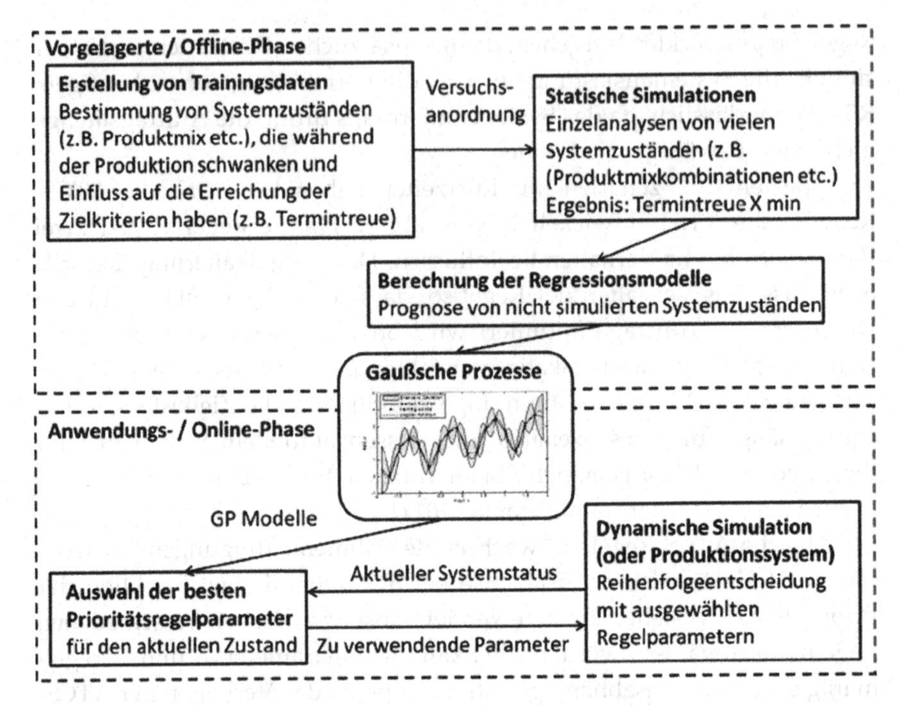

Abbildung 23: Vorgehen zur dynamischen Adaption der Prioritätsregelparameter (vgl. (Heger et al. 2014))

5.3.1 *Untersuchungsszenario*

Als Untersuchungsszenarien wird das Szenario der flexiblen Fließfertigung verwendet, das von Holthaus und Rajendran vorgestellt wurde (Holthaus und Rajendran 1997), (Holthaus und Rajendran 2000). Die betrachtete Fließfertigung enthält wie das bereits beschriebene Werkstattszenario ebenfalls 10 Maschinen (siehe 5.2). Die Reihenfolge der Maschinen ist für alle Aufträge gleich und fest vorgegeben. Jede Maschine wird pro Auftrag nur einmal verwendet; reentrante Prozesse sind nicht vorgesehen. Die Prozesszeiten liegen gleichverteilt zwischen 1 und 49 Minuten. Die Ankunftszeiten der Aufträge werden mit einem Poisson

Prozess modelliert, das heißt, die Zwischenankunftszeiten sind exponentiell verteilt (siehe (Law 2007)). Der Mittelwert dieser Verteilung wird so gewählt, dass sich langfristig das gewünschte Auslastungslevel einstellt. Die Fertigstellungstermine der Aufträge werden anhand eines zu bestimmenden Terminfaktors (engl. due-date tightness factor) festgelegt. In dieser Untersuchung werden drei unterschiedliche Produktfamilien betrachtet, für die reihenfolgeabhängige Rüstzeiten anfallen. Diese sind in Abbildung 24 dargestellt. Für Produkte der selben Familie werden keine Rüstzeiten benötigt.

$$\begin{array}{c} \\ a \\ b \\ c \end{array} \begin{array}{c} \begin{array}{ccc} a & b & c \end{array} \\ \begin{pmatrix} 0 & 10 & 25 \\ 5 & 0 & 25 \\ 5 & 10 & 0 \end{pmatrix} \end{array}$$

Abbildung 24: Matrix der Rüstungszeiten für drei Produktfamilien

Die durchschnittliche Bearbeitungszeit von 25 Minuten ist damit etwa doppelt so groß wie die durchschnittliche Rüstzeit mit 13,3 Minuten. Der tatsächliche Anteil an der Gesamtproduktionszeit wird demnach stark von der Reihenfolgeplanung beeinflusst. Eine entsprechende Berücksichtigung ist für das Erreichen der Zielkriterien wichtig.

Die Produktmixe der drei Produktfamilien werden in 10 % Schritten betrachtet. Die Notation [a b c] definiert den Produktmix, bei dem *a* den Anteil von der ersten Produktfamilie, *b* den Anteil der zweiten Produktfamilie und *c* den Anteil der dritten Produktfamilie angibt. Da die Summe aus *a*, *b* und *c* 100 % ergibt, gibt es 66 verschiedene Produktmixe in dieser Betrachtung. In dieser Studie werden eine durchschnittliche Auslastung von 95 % und ein Terminfaktor von 3 gewählt. Variiert werden nur die eingelasteten Produktmixe, die eine entsprechende Auswirkung auf die Rüstzeiten haben. Analysiert werden diese Auswirkungen und die Eingriffsmöglichkeiten durch das Anpassen der Regelparameter.

5.3.2 *Analyse der Parameterauswahl im statischen Szenario*

Bevor eine dynamische Adaption der Regelparameter möglich ist, muss untersucht werden, welcher Parameterbereich der Regel für das aktuelle Szenario geeignet ist. Weiterhin ergibt eine dynamische Adaption nur Sinn, wenn dadurch bessere Ergebnisse erzielt werden können als mit konstanten Einstellungen.

Die Untersuchungen im statischen Szenario, in dem es zur Laufzeit keine Veränderungen beispielsweise bezüglich des Produktmixes gibt, werden in Anlehnung an das Vorgehen von Rajendran und Holthaus (Rajendran und Holthaus 1999) durchgeführt. Es wird mit einem leeren System ohne Aufträge begonnen und entsprechend des gewählten Poisson Prozesses werden 2500 Aufträge in das System eingelastet. Aufgrund der Einschwingphase werden die ersten 500 Aufträge vernachlässigt.

In der Simulationsstudie werden für alle 66 Produktmixe verschiedene Werte für die Skalierungsparameter k_1 und k_2 untersucht. Für k_1 führen Werte im Bereich zwischen 3 und 10 zu den besten Ergebnissen. Das Intervall für k_2 umschließt 0,01 und 0,61. Welche Auswirkungen k_2 auf die mittlere Verspätung hat, ist in Abbildung 25 und Abbildung 26 beispielhaft dargestellt.

Für k_1 sind die jeweils besten Werte ausgewählt worden, um nur den Einfluss von k_2 beurteilen zu können. Anhand der Berechnungsvorschrift von ATCS (siehe Gleichung (3.4)) wird ersichtlich, dass umso kleiner k_2 wird, desto stärker wird das Rüsten vermieden. So wird wenig Zeit für die Rüstvorgänge benötigt, allerdings ist es in diesem Fall möglich, dass eilige Aufträge sehr lange warten müssen, da für sie umgerüstet werden müsste. Es gilt für jedes Szenario beziehungsweise dessen aktuellem Systemzustand einen sinnvollen Kompromiss zu bestimmen.

Für den Produktmix [0,8 0,2 0,0] führt ein vergleichsweise hoher Wert für k_2 zur geringsten Verspätung. Das bedeutet in diesem Fall, dass häufigeres Rüsten zugelassen wird, um eilige Aufträge nicht zu lange warten zu lassen. Der Produktmix [0,8 0,2 0,0] enthält keine *c* Produkte, die im Verhältnis besonders lange Rüstzeiten benötigen, daher wirkt sich häufiges Rüsten erst ab $k_2 \geq 0,55$ negativ aus.

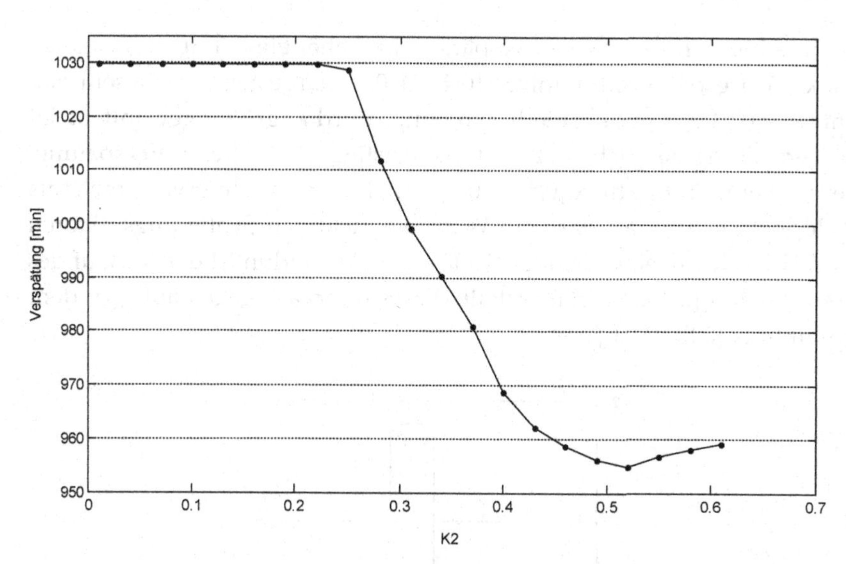

Abbildung 25: Verspätungen in Abhängigkeit von K2 im Szenario [0,8 0,2 0,0] mit den jeweils besten Werten für k_1 (vgl. (Heger et al. 2014))

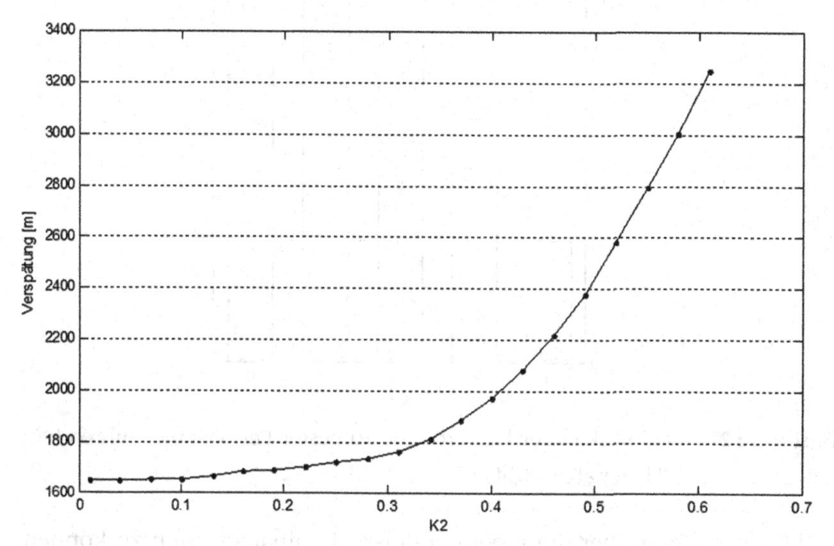

Abbildung 26: Verspätungen in Abhängigkeit von k_2 im Szenario [0,4 0,4 0,2] mit den jeweils besten Werten für k_1 (vgl. (Heger et al. 2014))

In Abbildung 26 ist die Verspätung in Abhängigkeit der verschiedenen k_2 Werte des Produktmixes [0,4 0,4 0,2] dargestellt. In diesem Fall führt $k_2 = 0{,}01$ zur geringsten Verspätung. Wird k_2 größer gewählt, steigt die Verspätung deutlich an. Der starke Anstieg der mittleren Verspätung, die sich beim Produktmix [0,4 0,4 0,2] innerhalb dieses Intervalls mehr als verdoppelt, zeigt klar, dass die Wahl der richtigen Skalierungsfaktoren der ATCS – Regel eine wichtige Rolle spielt. Weiterhin ist der Verlauf des Produktmixes [0,4 0,4 0,2] innerhalb dieses Intervalls gegenläufig zu dem Produktmix [0,8 0,2 0,0].

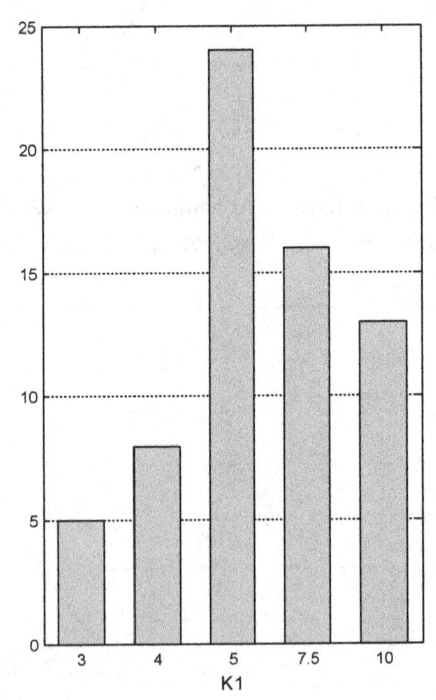

Abbildung 27: Häufigkeit der k_1 Werte, die zu bester Performance führen (vgl. (Heger et al. 2014))

Um Aussagen über diese beiden Beispiele hinaus treffen zu können, wird untersucht, welche Werte der Skalierungsparameter über alle Produktmixe zu der geringsten Verspätung führen. Diese sind in den beiden Histogrammen in Abbildung 27 und Abbildung 28 dargestellt. Für k_1 zeigt sich, dass die mittleren Werte des Intervalls (5 und 7,5) am häufigsten die beste Wahl darstellen, allerdings ist in etwa 20 % der Fälle ein kleinerer Wert (3 und 4) und in weiteren etwa 20 % ein größerer Wert (10) vorteilhafter.

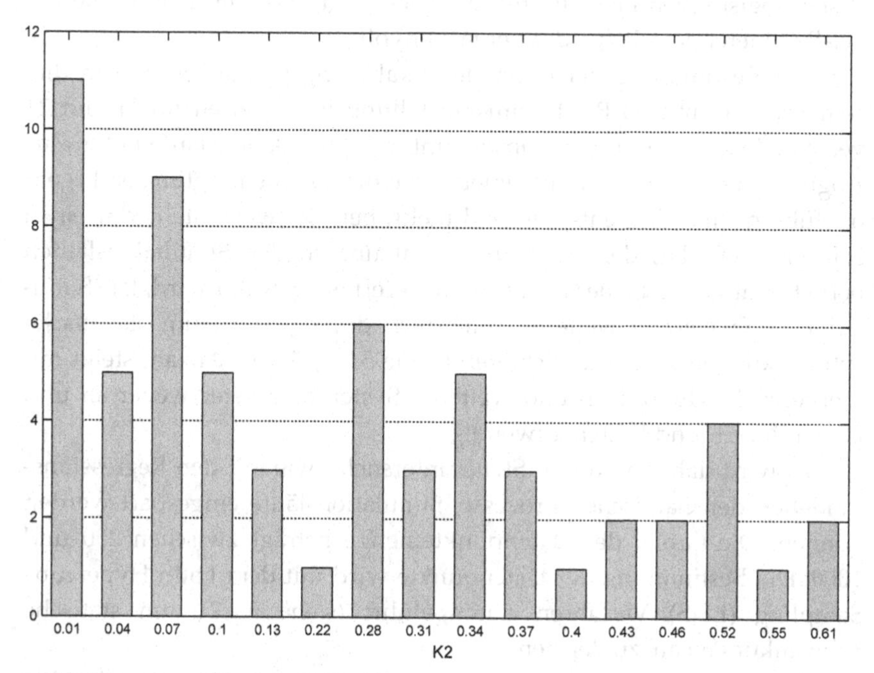

Abbildung 28: Häufigkeit der k_2 Werte, die zu bester Performance führen (vgl. (Heger et al., 2014))

In Abbildung 28 ist die Verteilung der k_2 Werte nach Häufigkeit aufgeführt. Für die Mehrheit der Produktmixe ist der kleinste Wert des Interwalls (0,01) die beste Einstellung. Für diese Produktmixe kann demnach die geringste Verspätung erreicht werden, wenn auf Rüsten möglichst verzichtet wird. Die drei kleinsten Werte (0,01; 0,04 und 0,07) führen mit einem Anteil von etwa 38 % der Produktmixe zu den besten Ergebnissen. Werte aus dem Intervall [0,28; 0,37] belegen einen Anteil von etwa 26 % und Werte aus dem Intervall [0,4; 0,61] belegen etwa einen Anteil von 20 %.

Die Skalierungsfaktoren der ATCS-Regel haben einerseits eine große Auswirkung auf die Performance und andererseits zeigen die Verteilungen, dass deutlich unterschiedliche Werte je nach Produktmix zu der besten logistischen Leistung führen. Dies zeigt, dass der Ansatz die Regel-Parameter gezielt zu adaptieren sinnvoll ist.

Zur Bestimmung der optimalen Skalierungsparameter sind in diesem Szenario mit 66 Produktmixeinstellungen, 5 Werten für k_1 und 21 verschiedenen Werten für k_2 insgesamt 6930 Simulationsläufe nötig. Zur Abgrenzung der k_1 und k_2 Parameter, die nie zu einem optimalen Ergebnis führen, sind dies entsprechend mehr, beispielsweise stellt k_1=1 einen solchen Wert dar, der zwar untersucht und in den Simulationsläufen berücksichtigt wird, aber nie als bester Wert ausgewählt wird. Die Simulationsläufe werden weiterhin mehrfach durchgeführt, um statistische Schwankungen zu berücksichtigen (siehe 5.2.1). Diese Anzahl steigt mit mehreren Produktmixen und weiteren Systemparameter weiter an und ist damit zeit- und kostenaufwendig.

Es wird daher an dieser Stelle untersucht, wie mit den Regressionsmodellen der Gaußschen Prozesse, Simulationsläufe eingespart werden können. Die Größe der Datenpunktemenge beträgt zwischen 250 und 1000. Die Bestimmung der Datenpunkte wird mit dem Latin Hypercube Sampling (LHS) Verfahren durchgeführt (siehe 5.2.2), um statische Schwankungen auszugleichen.

Als erste Untersuchung wird nun das Potenzial der situationsbedingten Adaption der ATCS-Regel analysiert. Dazu wird die mittlere Verspätung ausgerechnet, die entsteht, wenn jeder Produktmix einmal auftritt. Die Parameter werden basierend auf den Regressionsmodellen gewählt. Als Vergleich werden konstante Parametereinstellungen beziehungsweise die optimale Belegung angegeben. Die Ergebnisse sind in Abbildung 29 dargestellt.

Legt man sämtliche Simulationsdaten zugrunde, stellt sich heraus, dass die Belegung k_1=5 und k_2=0,04 zur niedrigsten Verspätung führt, wenn die Parameter konstant bestimmt werden. Bessere Ergebnisse liefern die Gaußschen Prozesse, die bereits mit 250 Trainingspunkten eine geringe mittlere Verspätung erzielen können. Mit weiteren Datenpunkten kann diese weiter reduziert werden. Da in einem praktischen Szenario der Verlauf, wie sich die Produktmixe im Zeitverlauf verändern, in der Regel im Vorhinein nicht bekannt ist und weiterhin der Aufwand für eine vollständige Simulationsstudie zu hoch ist, ist nicht anzunehmen, dass die Belegung $k_1 = 5$ und $k_2 = 0{,}04$ in der Praxis tatsächlich angewendet würde. Demzufolge wird eine weitere Belegung der Skalierungsparameter als Vergleich angegeben. Die Wertekombination $k_1 = 0{,}25$ und $k_2 = 0{,}43$ liefert die mittlere Verspätung, die etwa dem Median über sämtliche Parameterkombination aus dem für dieses Szenario sinnvollen Bereich entspricht (siehe Heger et al., 2014]). Sie stellt quasi eine mittlere zufällige Auswahl der Parameter aus dem sinnvollen Intervall dar.

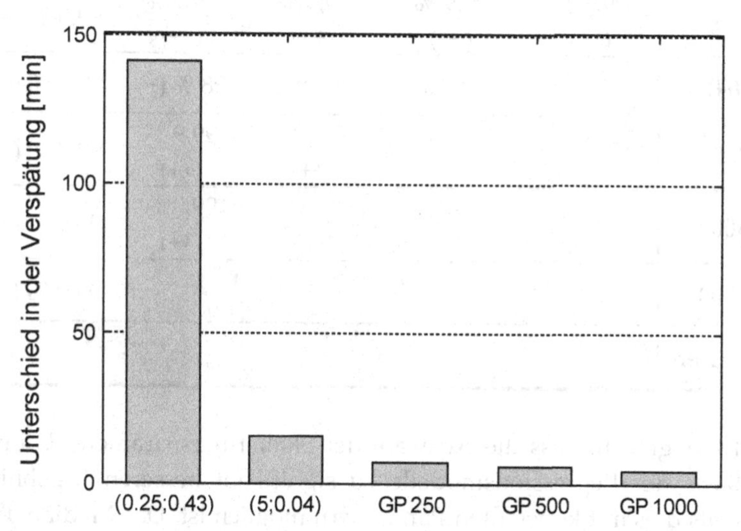

Abbildung 29: Konstante Parameter im Vergleich zur dynamischen Parameterauswahl mithilfe der Gaußsche Prozess Modelle; zusätzliche Verspätung im Vergleich zur optimalen Selektion (vgl. (Heger et al. 2014))

Da die verschiedenen Modelle sehr ähnliche Ergebnisse liefern, ist mithilfe des Standardfehlers keine Signifikanz nachzuweisen. Stattdessen wird der Wilcoxon-Vorzeichen-Rang-Test angewendet [Fahrmeir et al., 2007]. Die einzelnen Signifikanzniveaus sind in Tabelle 12 aufgeführt.

Tabelle 12: Signifikanzlevel zwischen den einzelnen Verfahren berechnet mit dem Wilcoxon Test (angegeben ist die Wahrscheinlichkeit, dass der Spalteneintrag besser ist als der Zeileneintrag; vgl. (Heger et al. 2014))

	(5; 0,04)	**GP 250**	**GP 500**	**GP 1000**	**alle Daten**
(0,25; 0,43)	99,9 % (++)	99,9 % (++)	99,9 % (++)	99,9 % (++)	99,9 % (++)
(5; 0,04)		68 %	93 %	98 % (+)	99,9 % (++)
GP 250			99,9 % (++)	99,9 % (++)	99,9 % (++)
GP 500				99,9 % (++)	99,9 % (++)
GP 1000					99,9 % (++)
alle Daten					

Es zeigt sich, dass die Auswahl der Skalierungsparameter k_1 und k_2 auf Basis der Regressionsmodelle zu signifikant besseren Ergebnissen führt, als dies mit konstanten Parametern möglich ist. Das Median-Tupel (0,25; 0,43) führt zu einer deutlich höheren mittleren Verspätung und entspricht etwa einer guten manuellen Auswahl, die ohne vollständiges Simulationswissen getroffen würde. Liegen die vollständigen Daten der Simulationsstudie vor und ist weiterhin bekannt, wie häufig jeder Produktmix eintritt, sind mit der konstanten Parameter Belegung $k_1 = 5$und

$k_2 = 0{,}04$ deutlich bessere Ergebnisse im Vergleich zu $k_1 = 0{,}25$ und $k_2 = 0{,}43$ möglich. Die Gaußschen Prozessen sind in der Lage die mittlere Verspätung weiter zu reduzieren, eine Signifikanz stellt sich allerdings erst mit einer höheren Menge an Datenpunkten zur Berechnung der Regressionsmodelle ein.

Die Analyse der Parameterwahl im statischen Szenario, in dem es unter anderem keine Änderungen des Produktmixes zur Laufzeit gibt, zeigt, dass eine gezielte Auswahl der Skalierungsparameter für das Erreichen der logistischen Zielkriterien von hoher Bedeutung ist. Eine gute Prognose über die Auswirkungen der Skalierungsfaktoren auf die mittlere Verspätung gelingt mit den Gaußschen Prozesse so gut, dass signifikante Verbesserungen im Vergleich zur konstanten Parameterwahl erzielt werden können.

5.3.3 *Analyse der dynamischen Adaption der Regelparameter*

Im Folgenden wird untersucht, wie die Adaption der Regelparameter in einem dynamischen Szenario mit wechselnden Produktmixen mithilfe der Gaußsche Prozesse Regressionsmodelle umgesetzt werden kann. Ziel ist es, gezielt die besten Skalierungsfaktoren für die ATCS-Regel zu schätzen und entsprechend dynamisch zu adaptieren. Dazu werden die Daten aus der vorgelagerten Simulationsstudie aus 5.3.2 verwendet und mithilfe des LHS-Verfahrens verschieden große Trainingsdatenmengen generiert.

In der Anwendungsphase wird zunächst der aktuelle Produktmix bestimmt. Dies geschieht auf Basis der historischen Daten an jeder einzelnen Maschine, indem das Mittel über ein festzulegendes Zeitintervall berechnet wird. Im nächsten Schritt werden die Performanceschätzungen, die die Gaußschen Prozesse liefern, miteinander verglichen. Die Parameterkombination, die zur besten Zielkriterienerreichung nach dieser Schätzung führt, wird ausgewählt und an die ATCS-Regel übergeben. Diese trifft anschließend mit den neuen Parametern die Entscheidung an der Maschine, welcher Auftrag als nächstes bearbeitet werden soll.

Da die Simulationsdaten für das Berechnen der Regressionsmodelle in einer vorgelagerten Offlinephase erstellt werden (siehe Abbildung 23), kann das hier beschriebene Verfahren dezentral angewendet werden. Zur Laufzeit werden keine zentral gespeicherten Informationen benötigt und weitere Kommunikation ist ebenfalls nicht notwendig. Damit werden die in Kapitel 2.2 beschriebenen Anforderungen erfüllt. Der detaillierte Ablauf der entwickelten Steuerungskomponente und das hier betrachtete flexible Fließfertigungsszenario sind in Abbildung 30 aufgeführt.

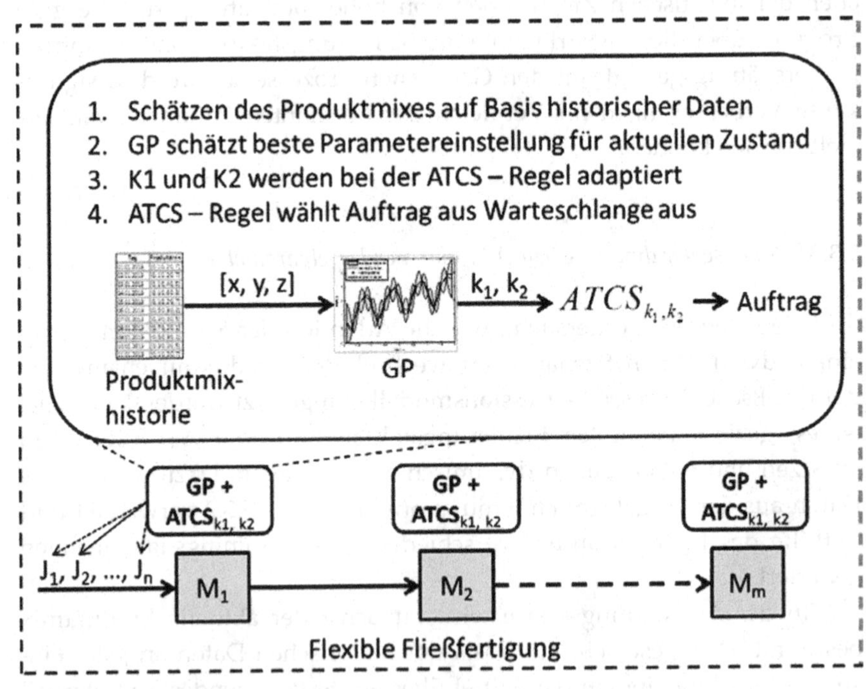

Abbildung 30: Ablauf der dynamischen Adaption der ATCS-Regel

Berechnung des Produktmixes

Um die besten Parameter bestimmen zu können, ist es notwendig den Produktmix an den Maschinen zu kennen. Zur Bestimmung des Produktmixes wird ein Zeitintervall festgelegt, das bestimmt, welche Aufträge zur Berechnung herangezogen werden. Wird dieses zu klein, ist es nicht repräsentativ; werden zu viele Daten berücksichtigt, reagiert die Bestimmung zu wenig auf Änderungen und ist zu träge. Daher wird im ersten Schritt ein dynamisches Szenario gewählt, mit dessen Hilfe das Zeitintervall bestimmt wird.

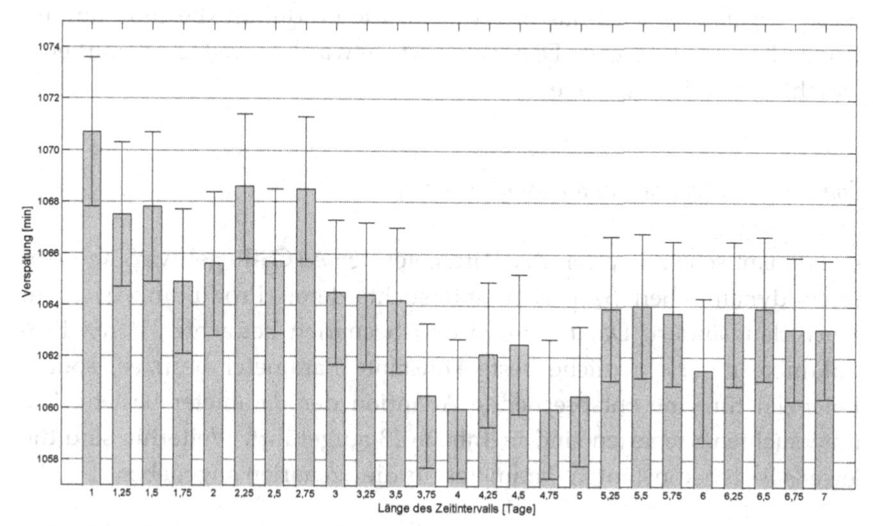

Abbildung 31: Durchschnittliche Verspätung in Abhängigkeit vom Zeitintervall zur Bestimmung des Produktmixes mit Standardfehler (vgl. (Heger et al. 2014))

Das Vorgehen der Untersuchungsdurchführung orientiert sich grundsätzlich an dem von Rajendran und Holthaus [Rajendran und Holthaus, 1999]. In diesen dynamischen Experimenten wird das System 12 Monate mit simuliert und zwischen zwei Produktmixen nach 35 und 145 Tagen gewechselt, sodass zwei Wechsel innerhalb der Gesamtperiode stattfinden. Der erste Produktmix (PM1) ist [0,4 0,4 0,2] und der zweite Produktmix (PM2) ist [0,8 0,2 0]. Die zu untersuchenden Zeitintervalle haben eine Länge von 1 bis 7 Tagen und sind damit deutlich kürzer als die Abstände zwischen den Wechseln. Die Ergebnisse stellt die Abbildung 31 dar.

Die Ergebnisse zeigen, dass eine viertägige Rückschau zur Berechnung des an der Maschine herrschenden Produktmixes am besten geeignet ist. Eine kurze Rückschau von nur einem Tag führt zu schlechteren Ergebnissen und ist somit nicht repräsentativ genug, um die Produktmixentwicklung abzuschätzen. Ab etwa 3,5 Tagen werden die Ergebnisse besser, auch wenn diese keinen signifikanten Vorteil besitzen. Aufgrund dieser Ergebnisse wird das Intervall für die Produktmixbestimmung im Folgenden auf 4 gesetzt. Dies entspricht etwa der dreifachen mittleren Durchlaufzeit der Aufträge.

Dynamische Szenarien und Parameteradaption

Die dynamische Adaption der Parameter der ATCS-Regel wird an mehreren dynamischen Szenarien untersucht, deren Produktmix sich im Zeitverlauf ändert. Dazu werden drei Szenarien betrachtet, deren Produktmixe unterschiedliche beste konstante Parameter besitzen, sodass Potenzial für eine entsprechende Adaption der Parameter besteht. Die untersuchten Szenarien sind in Tabelle 13 aufgeführt. Weiterhin sind die jeweils besten konstanten Parameter für die Szenarien angegeben.

Tabelle 13: Definition des dynamischen Szenarios und die besten konstanten Parameter (vgl. (Heger et al., 2014))

	Produktmix 1	Produktmix 2	Beste konstante Parameter	
DS1	[0,3 0,4 0,3]	[0,4 0,6 0]	k_1=4	k_2=0,07
DS2	[0,3 0,5 0,2]	[0,6 0,4 0]	k_1=10	k_2=0,34
DS3	[0,4 0,4 0,2]	[0,8 0,2 0]	k_1=7,5	k_2=0,37

Das Produktionsszenario wird für 12 Monate simuliert. Zwischen den unterschiedlichen Produktmixen wird nach jeweils 40 und 140 Tagen gewechselt und an den Maschinen wird ein Zeitintervall von vier Tagen zum Abschätzen des Produktmixes berücksichtigt. In Abbildung 32 sind die Resultate des DS1 abgebildet. Die konstanten Werte k_1=4 und k_2=0,07 liefern die besten Ergebnisse ohne dynamische Anpassung.

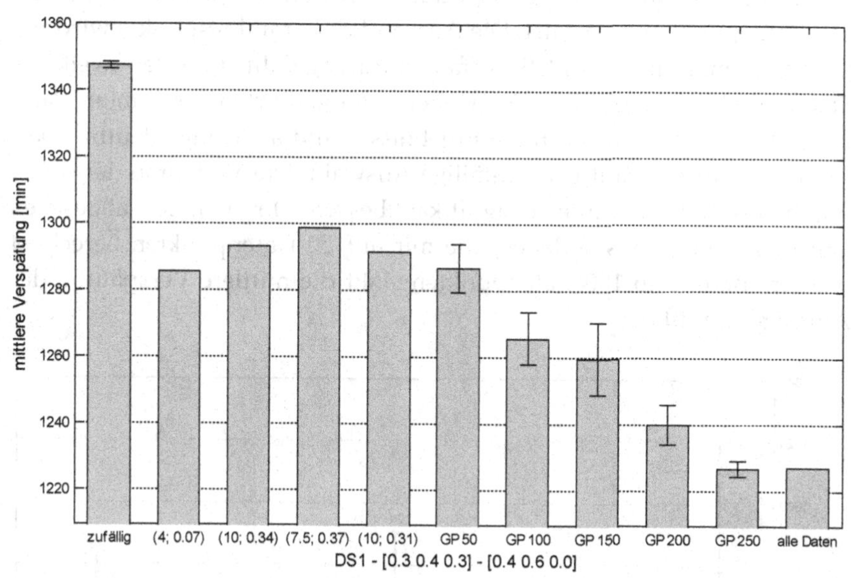

Abbildung 32: Simulationsergebnisse von konstanten und dynamisch angepassten Parametern des DS1 Szenarios (zweifacher Standardfehler über 25 unterschiedliche Modelle berechnet mit dem LHS-Verfahren; vgl. (Heger et al., 2014))

Es zeigt sich, dass sich die besten konstanten Parameter zum Teil deutlich unterscheiden. Da diese Parameter nicht bekannt sind und in diesem Fall durch vollständiges Simulieren aller Parameter bestimmt werden, liegen sie in der Praxis in der Regel nicht vor, da unter anderem a priori der zeitliche Verlauf der Produktmixänderungen nicht bekannt ist. Für die Vergleichsstudie wird daher zusätzlich der Mittelwert über eine zufällige Auswahl der Parameter aus dem geeigneten Bereich angegeben. Dazu werden alle Szenarien mit sämtlichen Parameterkombinationen simuliert und anschließend ihr Mittelwert bestimmt. Neben den besten konstanten Parameter für die einzelnen Szenarien DS1 – DS3 wird die beste Parameterwahl für die drei Szenarien zusammen angegeben; dies ist k_1=10 und k_2=0,31.

Die Regressionsmodelle der Gaußschen Prozesse werden mit 50 bis 250 Datenpunkten berechnet. Die Auswahl der Trainingspunkte wird mit jeweils 25-mal mit dem LHS-Verfahren durchgeführt und der zweifache Standardfehler angegeben. Die weiteren aufgeführten konstanten Parameter liefern etwas schlechtere Ergebnisse, sind allerdings deutlich besser als die durchschnittliche zufällige Auswahl. Die Verfahren der dynamischen Adaption führen zu signifikant besseren Ergebnissen, abgesehen von den Regressionsmodellen, die mit nur 50 Datenpunkten berechnet werden. Bereits ab 100 Datenpunkten sinkt die mittlere Verspätung der Aufträge signifikant.

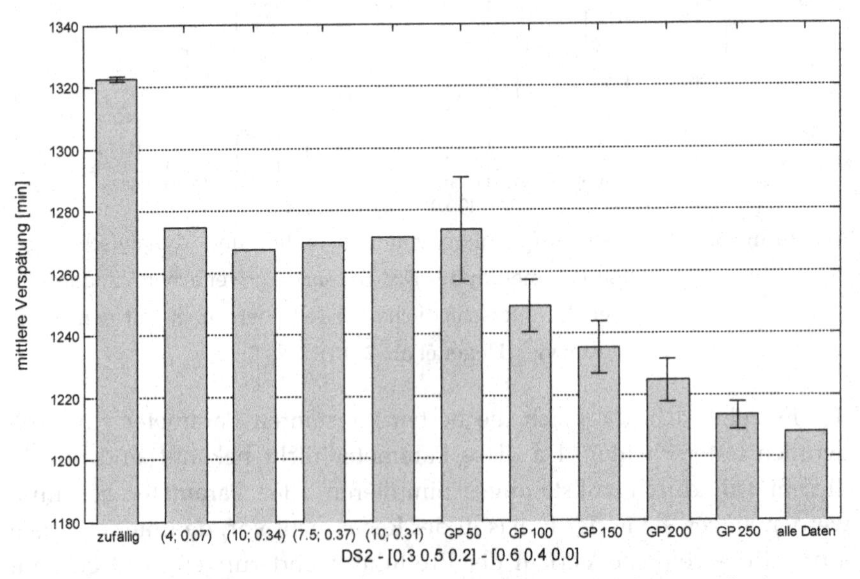

Abbildung 33: Simulationsergebnisse von konstanten und dynamisch angepassten Parametern des DS2 Szenarios (zweifacher Standardfehler über 25 unterschiedliche Modelle (LHS); vgl. (Heger et al. 2014))

Die in Abbildung 33 dargestellten Ergebnisse des DS2 zeigen einen ähnlichen Trend. Die zufällige Auswahl liefert deutlich schlechtere Ergebnisse als die besten konstanten Parameter. Weiterhin liefert in diesem dynamischen Szenario k_2=0,34 die besten Ergebnisse; und damit ist es in diesem Fall vorteilhafter, mehr Rüstvorgänge zuzulassen. Mithilfe der Gaußschen Prozesse gelingt eine gute dynamische Adaption und die Ergebnisse übertreffen die der konstanten Parameterwahl ab 100 Trainingspunkten signifikant. Liegen die Daten sämtlicher 6930 Simulationsläufe vor, erreicht die dynamische Parameteradaption die besten Ergebnisse.

Das dritte betrachtete Szenario DS3, dessen Ergebnisse in Abbildung 34 dargestellt sind, bestätigt die Ergebnisse der anderen Szenarien.

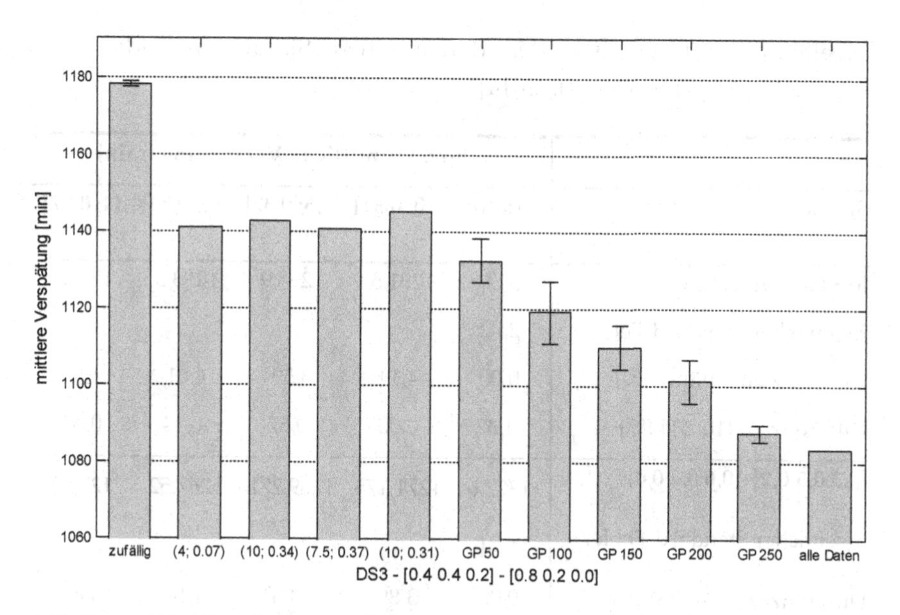

Abbildung 34: Simulationsergebnisse von konstanten und dynamisch angepassten Parametern des DS3 Szenarios (zweifacher Standardfehler über 25 unterschiedliche Modelle (LHS) vgl. (Heger et al. 2014))

Die zufällige Parameterauswahl führt zu eindeutig schlechteren Ergebnissen als alle hier berücksichtigten konstanten Parametern. Die Ergebnisse mit den konstanten Parameterwerten k_1 = 4 und k_2 = 0,07 sowie

k_1 = 7,5 und k_2 = 0,37 unterscheiden sich nur wenig und dies, obwohl sich die k_2 Werte deutlich unterscheiden. Dieses große Spektrum legt die Vermutung nahe, dass je nach Systemzustand unterschiedliche Einstellungen gut sind und jede Belegung dieses Spektrums eine Kompromisslösung darstellt. Dies belegen weiterhin die Gaußschen Prozesse, denn in diesem Szenario reduzieren die Regressionsmodelle die mittlere Verspätung weiter und es genügen in diesem Fall bereits 50 Trainingspunkte für eine signifikante Verbesserung. Die besten Ergebnisse liefert auch im dynamischen Szenario 3 die dynamische Adaption auf Basis aller verfügbarer Simulationsdaten.

Tabelle 14 Ergebnisse der dynamischen Simulationsstudie (vgl. [Heger et al., 2014])

	Durchschnittliche Verspätung [min]				
Szenarien	**zufällig**	**[10; 0,31]**	**[7,5; 0,37]**	**[10; 0,34]**	**[4; 0,07]**
[0,3 0,4 0,3] [0,4 0,6 0,0]	1347,3	1291,5	1298,9	1293,3	1285,5
Zweifacher Standard-Fehler	2,02				
Differenz zu zufällig [%]	0,00	4,14	3,59	4,01	4,59
Differenz zu [10; 31] [%]	-4,32	0,00	-0,57	-0,14	0,47
[0,3 0,5 0,2] [0,6 0,4 0,0]	1322,6	1271,175	1269,271	1267,52	1274,7
zweifacher Standard-Fehler	1,74				
Differenz zu zufällig [%]	0,00	3,89	4,03	4,16	3,62
Differenz zu [10; 31] [%]	-4,05	0,00	0,15	0,29	-0,28
[0,4 0,4 0,2] [0,8 0,2 0,0]	1178,1	1145,0	1140,6	1142,7	1140,9
zweifacher Stand.-Fehler	1,18				
Differenz zu zufällig [%]	0,00	2,81	3,19	3,01	3,15
Differenz zu [10; 31] [%]	-2,89	0,00	0,39	0,20	0,35

Die vollständigen Ergebnisse dieser Untersuchung sind in Tabelle 14 aufgelistet. Es zeigt sich, dass die dynamische Adaption der ATCS-Regel Parameter im Vergleich zur durchschnittlichen zufälligen Auswahl eine Verbesserung von fast 9 % erreicht. Im Vergleich zu den besten konstanten Parametern wird durch diesen Ansatz eine Verbesserung von bis zu 5 % erreicht. Die Adaption auf Basis der Regressionsmodelle führt ab 50 beziehungsweise 100 Trainingspunkten zu signifikanten Verbesserungen und erreicht mit 250 Trainingsdatenpunkten annähernd die Ergebnisse, die mithilfe aller 6930 Simulationsläufe erreicht werden. Damit wird die Anzahl der benötigten Simulationsläufe auf etwa 3,6 % reduziert.

Tabelle 14: Fortsetzung

	Durchschnittliche Verspätung [min]					
Szenarien	**GP 50**	**GP 100**	**GP 150**	**GP 200**	**GP 250**	**alle Daten**
[0,3 0,4 0,3] [0,4 0,6 0,0]	1286,8	1265,7	1259,6	1240,2	1227,1	1227,5
zweifacher Standard-Fehler	7,06	7,80	10,66	6,05	2,44	
Differenz zu zufällig [%]	4,49	6,06	6,51	7,95	8,92	8,89
Differenz zu [10; 31] [%]	0,36	2,00	2,47	3,98	4,98	4,96
[0,3 0,5 0,2] [0,6 0,4 0,0]	1273,6	1248,7	1235,5	1224,7	1213,3	1208,2
zweifacher Standard-Fehler	16,85	8,36	8,45	6,93	4,30	
Differenz zu zufällig [%]	3,71	5,59	6,59	7,40	8,26	8,65
Differenz zu [10; 31] [%]	-0,19	1,77	2,81	3,66	4,55	4,95
[0,4 0,4 0,2] [0,8 0,2 0,0]	1132,4	1119,0	1109,9	1101,1	1087,7	1083,2
zweifacher Standard-Fehler	5,8	8,2	5,8	5,8	2,3	
Differenz zu zufällig [%]	3,88	5,02	5,79	6,54	7,67	8,05
Differenz zu [10; 31] [%]	1,10	2,27	3,06	3,83	5,01	5,40

Dieser Ansatz erreicht einerseits signifikante Verbesserung im Bereich der Zielkriterienerreichung, andererseits ist ein großer Vorteil die automatische Anpassung an verschiedene Situationen oder Änderungen. Werden die vorgelagerten Simulationsdurchläufe weiter ausgeweitet, kann das Verfahren sehr viele Situationen gezielt und gut beherrschen; mithilfe der Regressionsmodelle können weiterhin zusätzliche Prognosen für unbekannte Situationen geschätzt werden. Dies ist ein großer Unterschied zu den konstanten Parametereinstellungen, die hier als Vergleich dienen. Einerseits sind sehr viele Simulationsdurchläufe notwendig, um sinnvolle Werte zu bestimmen, andererseits muss diese Bestimmung regelmäßig wiederholt werden. Selbst für die hier zufälligen gewählten Parameter muss ein sinnvoller Bereich im Vorhinein bestimmt werden.

5.3.4 *Zusammenfassung*

Die situationsbedingte Adaption von Steuerungsregelparameter stellt eine geeignete Methode dar, das Verhalten der Prioritätsregeln an die dynamisch auftretenden Veränderungen anzupassen; insbesondere in Produktionsszenarien, in denen Rüstzeiten berücksichtigt werden müssen, die einen großen Einfluss auf die logistische Leistung haben.
Die ATCS-Regel ist eine aus verschiedenen Basisregeln beziehungsweise Komponenten zusammengesetzte Prioritätsregel, die zwei Skalierungsparameter besitzt. Der k_1-Parameter beeinflusst die Regel so, dass sie einerseits eher zeitkritische Aufträge bevorzugt oder andererseits verstärkt die Durchlaufzeit optimiert. Der zweite Skalierungsparameter k_2 beeinflusst, wie stark Rüstzeiten erlaubt beziehungsweise vermieden werden sollen und hat damit großen Einfluss auf die Gesamtperformance.

Die umfangreichen Simulationsstudien belegen, dass in dem betrachteten Szenario der flexiblen Fließfertigung die verschiedenen Produktmixe unterschiedliche Einstellungen der Skalierungsfaktoren benötigen. Es zeigt sich insbesondere, dass der optimale Wert des Skalierungsparameter k_2 je nach Produktmix deutlich schwankt. Im Vergleich zur zufälligen Auswahl der Parameter aus dem für dieses Szenario geeigneten Bereich, können gute konstante Belegungen der Skalierungsfaktoren eine deutlich bessere Gesamtperformance erreichen. Diese zu bestimmen, erfordert allerdings einen gewissen Simulationsaufwand.

Wechselt der Produktmix im Laufe der Zeit, wie es in der Regel in praktischen Szenarien der Fall ist, führt eine dynamische Adaption der Parameter zu signifikant besseren Ergebnissen als dies mit den besten konstanten Werten möglich ist. In den betrachteten Evaluierungsszenarien konnten Verbesserung von etwa 5 % beziehungsweise 9 % erreicht werden, je nachdem, welche konstanten Parameter als Vergleich herangezogen werden. Diese Vergleichswerte setzen bereits voraus, dass die Parameter speziell auf das Szenario abgestimmt sind und ein grobes Intervall bekannt ist. Ist dies nicht der Fall beziehungsweise treten größere Änderungen am Szenario auf, ohne dass eine neue Bestimmung der Parameter durchgeführt wird, verschlechtert sich die Performance der Steuerungsregel. Der Ansatz der dynamischen Adaption ist deutlich flexibler und führt automatisch und ständig eine Anpassung der Parameter durch.

Weiterhin stellen die Gaußschen Prozesse eine sehr leistungsfähige Regressionsmethode dar, denn mithilfe ihrer Regressionsmodelle kann in diesem Szenario der Aufwand für die vorgelagerten Simulationsläufe deutlich verringert werden. Einerseits reichen bereits 100 Datenpunkte in allen betrachteten Szenarien aus, um signifikante Verbesserungen gegenüber der konstanten Parameterwahl zu erreichen. Anderseits führen die Modelle basierend auf 250 Datenpunkten nur geringfügig schlechterer Gesamtperformance als die Verwendung sämtlicher Datenpunkte. Damit kann der Simulationsaufwand auf unter 4 % reduziert werden.

6 Fazit und Ausblick

In der vorliegenden Arbeit wird das bedeutende Thema der Produktionsplanung und -steuerung untersucht. Insbesondere die Ablaufplanung besitzt für Industrieunternehmen einen hohen Stellenwert und ist für deren Erfolg verantwortlich. Schon seit Jahrzehnten ist die Ablaufplanung aufgrund ihrer grundsätzlich hohen Komplexität Gegenstand der Forschung, da sie eine hohe Relevanz für die Praxis besitzt. Die neuerlichen Veränderungstreiber führen allerdings dazu, dass bekannte Näherungsverfahren den aktuellen Anforderungen nicht mehr gewachsen sind. Zu den Veränderungstreibern gehört beispielsweise die steigende Dynamik durch die Entwicklung der heutigen Märkte, die die Unternehmen dazu zwingt, sich immer stärker auf Kundenwünsche einzustellen und die Produktions- und Logistikprozesse auf kundenspezifische Zielkriterien hin zu optimieren. Durch die Einbindung in zunehmend komplexere Wertschöpfungsketten steigt die externe Komplexität der Unternehmen weiter an und wirkt sich entsprechend auf die internen produktionslogistischen Prozesse aus. Weitere Veränderungen ergeben sich aus der stärkeren Berücksichtigung von ökologischen Zielen, die teilweise zu konträren Zielkriterien führen. Zudem führen kontinuierliche technologische Entwicklungen zu neuen Anforderungen innerhalb der Produktionsplanung und -steuerung. Dazu gehören beispielsweise die Cyber-Physischen Systeme, die intelligente Objekte mit Eigenschaften wie Ad-hoc-Vernetzbarkeit, Selbstkonfiguration sowie dezentraler und intelligenter Datenverarbeitung darstellen.

Aus diesen Veränderungstreibern lassen sich Anforderungen für die Ablaufplanung speziell im Bereich der Werkstatt- und flexiblen Fließfertigung ableiten. Dazu gehört die Reduktion der Komplexität, die Handhabbarkeit der Dynamik sowie die Informationsverarbeitung, die Rechenzeit und die Lösungsqualität. Optimierende Verfahren sind aufgrund der vorhandenen Komplexität nicht einsetzbar. Zentrale Heuristiken sind hingegen nicht ausreichend in der Lage die auftretende Dynamik zu beherrschen und besitzen Schwächen bei der Rechenzeit beziehungsweise der Lösungsqualität. Dezentrale Steuerungsverfahren beherrschen die (lokale) Informationsverarbeitung, reduzieren die Komplexität, können sehr schnell auf Änderungen reagieren und kommen in der Regel mit wenig Rechenzeit aus. Ihre Schwächen besitzen sie in der Lösungsqualität, da aufgrund ihres lokalen Verhaltens Gesamtsysteminformationen nicht berücksichtigt werden und darunter die Abstimmung leidet.

In dieser Arbeit wurde daher eine hybride dezentrale Steuerungskomponente auf Basis von Prioritätsregeln entwickelt, die Gesamtsystemdaten berücksichtigt und dennoch in der dezentralen Steuerung eingesetzt werden kann.

6.1 Ergebnisse

Die erste Untersuchung dieser Arbeit beschäftigt sich mit der Analyse von Prioritätsregeln innerhalb eines Szenarios der flexiblen Fließfertigung, das an die Halbleiterindustrie angelehnt ist. In diesem Szenario müssen neben den Maschinen die Operatoren eingeplant werden, es handelt sich damit um ein mehrfach eingeschränktes Szenario. Um die Leistung der angewendeten Prioritätsregeln zu beurteilen, insbesondere ihre Abstimmung aufeinander, wird ein mathematisches Modell entwickelt, das für kleine Instanzen optimale Lösungen berechnet. Die Resultate zeigen, dass je nach Situation, unterschiedliche Regeln für Operatoren und Maschinen zu den besten Ergebnissen führen und dass eine Abstimmung der Regeln aufeinander wichtig ist. Eine ungünstige Wahl der Regeln kann dazu führen, dass mehr Aufträge in das System eingehen als bearbeitet werden, obwohl dies bei guter Regelauswahl verhindert werden könnte. Das erste Teilziel, die Leistungsfähigkeit und Schwächen der

Prioritätsregeln zu untersuchen und gegen optimale Lösungen abzugrenzen, konnte damit erreicht werden.

Diese Ergebnisse motivieren die zweite Untersuchung, in der ein neues Verfahren zur dynamischen Auswahl von Prioritätsregeln entwickelt wird. Kern dieses Verfahrens ist es, basierend auf wenigen vorgelagerten Simulationsdurchläufen mithilfe der Gaußsche Prozess Regression Prognosen über das Systemverhalten in bestimmten Situationen zu berechnen, die eine gezielte Selektion der Prioritätsregeln ermöglichen. Die Regressionsmodelle der Gaußschen Prozesse zeigen sich in diesem Anwendungsszenario als leistungsfähiger als beispielsweise die der neuronalen Netze und führen zu signifikant besseren Ergebnissen der logistischen Zielkriterienerreichung. Weitere Untersuchungen zeigen zusätzliche Verbesserungsmöglichkeiten speziell im Zusammenspiel mit den Gaußschen Prozessen in diesem Anwendungsgebiet auf. Da sie eine Prognosequalität mitliefern, kann diese genutzt werden, um dynamisch und bei Bedarf die berechneten Modelle gezielt zu verbessern und so die Genauigkeit bei der Auswahl der Regeln weiter zu erhöhen. Des Weiteren wird eine automatische Fehlererkennung untersucht, die häufig auftretende Fehler, bei der Berechnung der Regressionsmodelle automatisch mit wenig Rechenaufwand erkennt. So ist es möglich, mit weniger Simulationsdurchläufen die gleiche Prognosequalität zu erzielen oder die Prognosequalität zu erhöhen, ohne mehr Aufwand in die Simulationsdurchläufe zu investieren. Damit konnte das zweite Teilziel erfolgreich erreicht werden. Das entwickelte hybride Steuerungsverfahren erfüllt die definierten Anforderungen und führte zu signifikant besseren Ergebnissen. Die Aufgabe, ein geeignetes Regressionsverfahren zu identifizieren und gegen Etablierte abzugrenzen sowie Ansätze zu weiteren Verbesserungen zu entwickeln, ist ebenfalls erfolgreich abgeschlossen worden.

Weiterhin wird eine flexible Fließfertigung mit reihenfolgeabhängigen Rüstzeiten untersucht. Die Ergebnisse zeigen, dass je nach Situation unterschiedlich starkes Zulassen von Rüstvorgängen zu den besten Ergebnissen führt. Rüstzeiten kosten Zeit und sollten grundsätzlich vermieden werden, andererseits kann dieses Vorgehen zu längeren Wartezeiten bei wichtigen Aufträgen führen. Der Ansatz, eine aus mehreren

Komponenten zusammengesetzte Prioritätsregel je nach Situation entsprechend zu adaptieren, führt zu signifikant besseren Ergebnissen als dies mit konstanten Parametern möglich ist. Das Vorgehen basiert ebenfalls auf vorgelagerten Simulationsdurchläufen und dem Berechnen von Regressionsmodellen mithilfe der Gaußschen Prozesse, die zur jeweiligen Situation die besten Regelparameter prognostizieren. Die benötigten Systeminformationen müssen dazu nicht zentral berechnet werden, sondern können aus der lokalen Historie bestimmt werden. Das dritte Teilziel, die Erweiterung des Steuerungsverfahrens auf reihenfolgeabhängige Rüstzeiten, ist ebenfalls erfolgreich durchgeführt worden.

Insgesamt zeigen die beiden vorgestellten Ansätze, dass die Lösungsqualität innerhalb der dezentralen Steuerung durch diesen hybriden Ansatz mithilfe der Gaußschen Prozesse Regression signifikant verbessert werden kann. Dies waren beim dynamischen Selektieren der Prioritätsregeln nahezu 7 % bei der Termintreue und beim dynamischen Adaptieren der ATCS-Regel nahezu 5 % beziehungsweise 9 % je nach Vergleichsverfahren. Weiterhin bleiben die Vorteile der dezentralen Steuerung erhalten, wie beispielsweise der Umgang mit hoher Dynamik; die Qualität und die Robustheit, auf neue Situationen reagieren zu können, steigt.

6.2 Ausblick

Zu den offenen Fragen gehört die Skalierbarkeit dieses Ansatzes. Sollen beispielweise weitere Systeminformationen berücksichtigt werden, steigt sowohl die Anzahl der benötigten vorgelagerten Simulationen wie auch die Größe der Regressionsmodelle der Gaußschen Prozesse an. Beides sollte bei den heutigen verfügbaren Rechenleistungen den Ansatz nicht nennenswert einschränken, stößt allerdings ab einem gewissen Grad an praktische Grenzen. In diesem Fall müssten zusätzlich Optimierungen oder Vereinfachungen integriert werden. Dazu gibt es einerseits Ansätze allgemein für die Gaußschen Prozesse, die es ermöglichen deutlich mehr Datenpunkte zu berücksichtigen, allerdings auf Kosten der Prognosequalität. Andererseits sind spezielle Anpassungen des entwickelten Ansatzes denkbar, indem beispielweise die Parameter, die den Systemstatus beschreiben, stärker zusammengefasst werden.

Des Weiteren bestehen offene Fragen bezüglich der Optimierung der Regressionsmodelle. Die Auswahl der Datenpunkte könnte weiter verbessert werden, wenn beispielsweise spezielles Wissen über das Szenario vorliegt. So könnten in kritischen Bereichen mehr vorgelagerte Simulationsdurchläufe durchgeführt werden, um dort die Qualität der Prognosen zu verbessern. Ferner könnte es sich als vorteilhaft herausstellen, beispielweise für die zu untersuchenden Regeln jeweils unterschiedliche Parameterkombinationen zu untersuchen, sodass die Gesamtprognosequalität gleichmäßiger verteilt wird.

Weiterhin steht eine Überführung des vorgestellten Ansatzes in die Praxis aus. Dies sollte mit begrenztem Aufwand möglich sein, wenn in den entsprechenden Steuerungssystemen bereits Standardprioritätsregeln implementiert sind. Die PPS-Systeme müssten dazu lediglich zusätzliche Systemdaten der Regelschnittstelle zur Verfügung stellen. Für die vorgelagerten Simulationsläufe zum Berechnen der Regressionsmodelle ist ein Eingriff in bestehende Systeme nicht notwendig.

Allgemein stellen die Gaußschen Prozesse eine sehr vielversprechende Methode des maschinellen Lernens dar, die zur Verbesserung der produktionslogistischen Prozesse an verschiedenen Stellen eingesetzt werden kann. Dies ist sicherlich bei der Prognose von Verbrauchsdaten beziehungsweise Bestelleingängen denkbar oder bei der Prognose von Ausfällen in Abhängigkeit von Systemparametern. Ebenso kann es zu Planungszwecken interessant sein, das gesamte Systemverhalten abzuschätzen, ohne dafür konkrete Simulationsstudien durchzuführen. Insbesondere bei dezentral gesteuerten Systemen kann so der vorliegenden Ungewissheit entgegengewirkt werden.

Literaturverzeichnis

[Adams et al., 1988] Adams, J., Balas, E. und Zawack, D. (1988). The shifting bottleneck procedure for job shop scheduling. Management Science, 34(3):391–401.

[Adl et al., 1996] Adl, M. K. E., Rodriguez, A. A. und Tsakalis, K. S. (1996). Hierarchical modeling and control of re-entrant semiconductor manufacturing facilities. Proceedings of the 35th Conference on Decision and Control, Kobe, Japan.

[Acker, 2011] Acker, I. (2011). Methoden der mehrstufigen Ablaufplanung in der Halbleiterindustrie. Produktion und Logistik. Gabler Verlag.

[Adams et al., 1988] Adams, J., Balas, E. und Zawack, D. (1988). The shifting bottleneck procedure for job shop scheduling. Management Science, 34(3):391–401.

[Aufenanger, 2009] Aufenanger, M. (2009). Situativ trainierte Regeln zur Ablaufsteuerung in Fertigungssystemen und ihre Integration in Simulationssysteme, Dissertation, Heinz-Nixdorf-Institut Verlagsschriftenreihe 269, Universität Paderborn.

[Aufenanger et al., 2009] Aufenanger, M., Lipka, N., Klopper, B. und Dangelmaier, W. (2009). A knowledge-based giffler-thompson heuristic for rescheduling job-shops. IEEE Symposium on Computational Intelligence in Scheduling, 22–28.

[Backhaus et al., 2008] Backhaus, K., Erichson, B., Plinke, W. und Weiber, R. (2008). Multivariate Analyseverfahren. Springer, Berlin.

[Balasubramanian et al., 2004] Balasubramanian, H., Monch, L., Fowler, J. und Pfund, M. (2004). Genetic algorithm based scheduling of parallel batch machines with incompatible job families to minimize total weighted tardiness. International Journal of Production Research, 42(8):1621–1638.

[Blackstone et al., 1982] Blackstone, J. H., Phillips, D. T. und Hogg, G. L. (1982). A state-of-the-art survey of dispatching rules for manufacturing job shop operations. International Journal of Production Research, 20(1):27–45.

[Blazewicz et al., 2007] Blazewicz, J., Ecker, K. und Pesch, E. (2007). Handbook on Scheduling: From Theory to Applications. International Handbook on Information Systems. Springer, Berlin Heidelberg.

[Blobel und Lohrmann, 2012] Blobel, V. und Lohrmann, E. (2012). Statistische und numerische Methoden der Datenanalyse. (letzter Abruf, Juli, 2013) http://www-library.desy.de/elbook.html.

[Branke und Mattfeld, 2005] Branke, J. und Mattfeld, D. C. (2005). Anticipation and flexibility in dynamic scheduling. International Journal of Production Research, 43(15):3103–3129.

[Brucker et al., 1994] Brucker, P., Jurisch, B. und Sievers, B. (1994). A branch und bound algorithm for the job-shop scheduling problem. Discrete Applied Mathematics, 49(1-3):107–127.

[Brucker, 2007] Brucker, P. (2007). Scheduling Algorithms. Springer, 5. Auflage.

[Brucker et al., 2012] Brucker, P., Burke, E. K. und Groenemeyer, S. (2012). A branch and bound algorithm for the cyclic job-shop problem with transportation. Comput. Operations Research, 39(12):3200–3214.

[Brucker und Knust, 2012] Brucker, P. und Knust, S. (2012). Complexity results for scheduling problems. (letzter Abruf, Juli, 2013) www.informatik.uni-osnabrueck.de/knust/class/

[Cheng et al., 2001] Cheng, J., Karuno, Y. und Kise, H. (2001). A shifting bottleneck approach for a parallel-machine flowshop scheduling problem. Journal of the Operations Research Society of Japan, 44(2):140–156.

[Chiang und Fu, 2009] Chiang, T.-C. und Fu, L.-C. (2009). Using a family of critical ratio-based approaches to minimize the number of tardy jobs in the job shop with sequence dependent setup times. European Journal of Operational Research, 196(1):78–92.

[CMI, 2012] Clay Mathematics Institute (2012). The Millennium Prize Problems. Cambridge Massachusetts. (letzter Abruf, Juli, 2013) www.claymath.org/millennium.

[Cook, 1971] Cook, S. A. (1971). The complexity of theorem-proving procedures. Proceedings of the third annual ACM symposium on Theory of computing, STOC '71, New York, USA. 151–158

[Cormen et al., 2009] Cormen, T. H., Leiserson, C. E., Rivest, R. L. und Stein, C. (2009). Introduction to Algorithms, 3. Auflage. MIT Press.

[Cruz-Chavez und Frausto-Solis, 2004] Cruz-Chavez, M. und Frausto-Solis, J. (2004). Simulated annealing with restart to job shop scheduling problem using upper bounds. In Rutkowski, L., Siekmann, J., Tadeusiewicz, R., and Zadeh, L., editors, Artificial Intelligence and Soft Computing - ICAISC 2004, Lecture Notes in Computer Science, Springer Berlin Heidelberg, 3070:860–865.

[Dangelmaier, 2001] Dangelmaier, Wilhelm (2001). Fertigungsplanung. Springer, Berlin.

[Demirkol et al., 1997] Demirkol, E., Mehta, S. und Uzsoy, R. (1997). A computational study of shifting bottleneck procedures for shop scheduling problems. Journal of Heuristics, Winter, 3(2), 111–137.

[Domschke et al., 1997] Domschke, W., Scholl, A. und Voß, S. (1997). Produktionsplanung: Ablauforganisatorische Aspekte. Springer-Lehrbuch. Springer, Berlin, 2. überarbeitete und erweiterte Auflage.

[El-Bouri und Shah, 2006] El-Bouri, A. und Shah, P. (2006). A neural network for dispatching rule selection in a job shop. The International Journal of Advanced Manufacturing Technology, 31(3-4):342–349.

[Fahrmeir et al., 2009] Fahrmeir, L., Kneib, T. und Lang, S. (2009). Regression: Modelle, Methoden und Anwendungen. Statistik und ihre Anwendungen. Springer, Berlin, 2. Auflage, Edition XVI.

[Fahrmeir et al., 2007] Fahrmeir, L., Künstler, R., Pigeot, I. und Tutz, G. (2007). Statistik: Der Weg zur Datenanalyse; mit 25 Tabellen.

Springer-Lehrbuch. Springer-Verlag Berlin Heidelberg, Berlin, Heidelberg, 6. überarbeitete Auflage.

[Fisher und Thompson, 1963] Fisher, H. und Thompson, G. L. (1963). Probabilistic learning combinations of local job-shop scheduling rules. In Industrial Scheduling, Prentice-Hall, New Jersey, USA.

[Freitag et al., 2004] Freitag, M., Herzog, O. und Scholz-Reiter, B. (2004). Selbststeuerung logistischer Prozesse - Ein Paradigmenwechsel und seine Grenzen. Industrie Management, 20(1):23–27.

[Fröhlich, 2004] Fröhlich, M. H. (2004). Informationstheoretische Optimierung künstlicher neuronaler Netze: für den Einsatz in Steuergeräten. Dissertation. (letzter Abruf, Juli, 2013) http://nbn-resolving.de/urn:nbn:de:bsz:21-opus-11647.

[Gargeya und Deane, 1996] Gargeya, V. B. und Deane, R. H. (1996). Scheduling research in multiple resource constrained job shops: a review and critique. International Journal of Production Research, (34):2077–2097.

[Geiger und Uzsoy, 2008] Geiger, C. D. und Uzsoy, R. (2008). Learning effective dispatching rules for batch processor scheduling. International Journal of Production Research, 46(6):1431–1454.

[Geiger et al., 2006] Geiger, C. D., Uzsoy, R. und Aytug, H. (2006). Rapid modeling und discovery of priority dispatching rules: an autonomous learning approach. Journal of Scheduling, 9(1):7–34.

[Geva und Sitte, 1992] Geva, S. und Sitte, J. (1992). A constructive method for multivariate function approximation by multilayer perceptrons. Neural Networks, IEEE Transactions on, 3(4):621 –624.

[Gierth, 2009] Gierth, A. (2009). Beurteilung der Selbststeuerung logistischer Prozesse in der Werkstattfertigung. Schriftenreihe Rationalisierung und Humanisierung. Shaker.

[Giffler und Thompson, 1960] Giffler, B. und Thompson, G. L. (1960). Algorithms for solving production-scheduling problems. Operations Research, 8(4):487–503.

[Glover, 1989] Glover, F. (1989). Tabu Search — Part I, ORSA, Journal on Computing, 1(3):190-206.

[Glover und Laguna, 1997] Glover, F. und Laguna, M. (1997). Tabu Search. Kluwer Academic Publishers, Norwell, MA, USA.

[Görz, 2003] Görz, G. (2003). Handbuch der Künstlichen Intelligenz, Oldenbourg.

[Graham et al., 1979] Graham, R. L., Lawler, E. L., Lenstra, J. K. und Rinnooy Kan, A. H. G. (1979). Optimization and approximation in deterministic sequencing and scheduling: a survey. Annals of Discrete Mathematics, 5:287–326.

[Günther und Tempelmeier, 2009] Günther, H.-O. und Tempelmeier, H. (2009). Produktion und Logistik. Springer, Berlin, 8. Auflage.

[Haupt, 1989] Haupt, R. (1989). A survey of priority rule-based scheduling. OR Spektrum, 11(1):3–16.

[Hebb, 2002] Hebb, D. (2002). The Organization of Behavior: A Neuropsychological Theory. Erlbaum.

[Heger et al., 2012] Heger, J., Bani, H. und Scholz-Reiter, B. (2012). Improving production scheduling with machine learning. Frommberger, L., Schill, K. und Scholz-Reiter, B., editors, Proceedings 3rd Workshop on Artificial intelligence and logistics (AILog-2012), 43-48,. (letzter Abruf, Juli, 2013) http://www2.lirmm.fr/ecai2012/images/stories/ecai_doc/pdf/workshop/W37_AILog-Proceedings.pdf.

[Heger et al., 2013a] Heger, J., Hildebrandt, T. und Scholz-Reiter, B. (2013). Dispatching rule selection with Gaussian processes. Central European Journal of Operations Research.

[Heger et al., 2013b] Heger, J., Hildebrandt, T. und Scholz-Reiter, B. (2013). Switching dispatching rules with Gaussian processes. In Windt, K., editor, Robust Manufacturing Control, volume 1 of Lecture Notes in Production Engineering, 73–85. Springer.

[Heger et al., 2014] Heger, J., Hildebrandt, T. und Scholz-Reiter, B. (2014). Dynamic adjustment of dispatching rule parameters in flow shops with sequence dependent setup times. Arbeitsversion, geplante Einreichung im International Journal of Production Research, Taylor & Francis

[Hildebrandt et al., 2010] Hildebrandt, T., Heger, J. und Scholz-Reiter, B. (2010). Towards improved dispatching rules for complex shop floor scenarios: a genetic programming approach. GECCO '10: Proceedings of the 12th annual conference on Genetic und evolutionary computation, 257–264, New York, NY, USA. ACM.

[Holland, 1975] Holland, J. (1975). Adaptation in natural and artificial systems: an introductory analysis with applications to biology, control, and artificial intelligence. University of Michigan Press.

[Holthaus und Rajendran, 1997] Holthaus, O. und Rajendran, C. (1997). Efficient dispatching rules for scheduling in a job shop. International Journal of Production Economics, 48(1):87–105.

[Holthaus und Rajendran, 2000] Holthaus, O. und Rajendran, C. (2000). Efficient jobshop dispatching rules: further developments. Production Planning & Control, 11(2):171–178.

[Hopp und Spearman, 2011] Hopp, W. und Spearman, M. (2011). Factory physics: foundations of manufacturing management. Irwin.

[Horn, 2008] Horn, S. (2008). Simulationsgestützte Optimierung von Fertigungsabläufen in der Produktion elektronischer Halbleiterspeicher. Verlag Dr. Markus A. Detert, Templin.

[Hornik et al., 1989] Hornik, K., Stinchcombe, M. und White, H. (1989). Multilayer feedforward networks are universal approximators. Neural Networks, 2(5):359–366.

[Ignall and Schrage, 1965] Ignall, E. und Schrage, L. (1965). Application of the branch and bound technique to some flow-shop scheduling problems. Operations Research, 13(3):400–412.

[Jain und Meeran, 1998] Jain, A. and Meeran, S. (1998). A state-of-the-art review of job-shop scheduling techniques. Technical report, University of Dundee.

[Klemmt, 2012] Klemmt, A. (2012). Ablaufplanung in der Halbleiter- und Elektronikproduktion, Springer, Vieweg+Teubner Verlag.

[Kohn und Öztürk, 2011] Kohn, W. und Öztürk, R. (2011). Statistik für Ökonomen, Springer-Lehrbuch, Springer Berlin Heidelberg.

[Koller, 2012] Koller, W. (2012). Prognose makroökonomischer Zeitreihen: Ein Vergleich linearer Modelle mit neuronalen Netzen. Doktorarbeit, WU Vienna University of Economics and Business.

[Kracker, 2011] Kracker, H. (2011). Modellierung und Kalibrierung von Computermodellen mit Anwendung auf einen Umformprozess, Dissertation. (letzter Abruf, Juli, 2013) http://nbn-resolving.de/urn:nbn:de:101:1-20110708278.

[Kuss, 2006] Kuss, M. (2006). Gaussian Process Models for Robust Regression, Classification, und Reinforcement Learning. Dissertation. (letzter Abruf, Juli, 2013) http://elib.tu-darmstadt.de/diss/000674.

[Laarhoven et al., 1992] Laarhoven, P. J. M. van, Aarts, E. H. L. und Lenstra, J. K. (1992). Job shop scheduling by simulated annealing. Operations Research, 40(1):113–125.

[Ladhari und Haouari, 2006] Ladhari, T. und Haouari, M. (2006). A branch-and-bound algorithm for the permutation flow shop scheduling problem subject to release dates and delivery times. International Conference on Service Systems and Service Management, 2:1167–1171.

[Land und Doig, 1960] Land, A. H. und Doig, A. G. (1960). An automatic method of solving discrete programming problems. Econometrica, 28(3):497–520.

[Law, 2007] Law, A. M. (2007). Simulation Modeling and Analysis. McGraw-Hill, New York, USA, 4. Edition.

[Law und Kelton, 2000] Law, A. and Kelton, W. (2000). Simulation modeling and analysis. McGraw-Hill series in industrial engineering and management science. McGraw-Hill.

[Lawrence, 1984] Lawrence, S. (1984). Resource constrained project scheduling: an experimental investigation of heuristic scheduling techniques (supplement). PhD thesis, Graduate School of Industrial Administration, Carnegie-Mellon University, Pittsburgh, Pennsylvania.

[Lee et al., 1997] Lee, Y. H., Bhaskaran, K. und Pinedo, M. (1997). A heuristic to minimize the total weighted tardiness with sequence-dependent setups. IIE Transactions, 29(1):45–52.

[Lee und Pinedo, 1997] Lee, Y. H. und Pinedo, M. (1997). Scheduling jobs on parallel machines with sequence-dependent setup times. European Journal of Operational Research, 100(3):464–474.

[Lee, 2008] Lee, E. (2008). Cyber physical systems: Design challenges. Object Oriented Real-Time Distributed Computing (ISORC), 11th IEEE International Symposium on, 363–369.

[Li et al., 2006] Li, X., Liu, L. und Wu, C. (2006). A fast method for heuristics in large-scale flow shop scheduling. Tsinghua Science & Technology, 11(1):12–18.

[Lödding, 2008] Lödding, H. (2008). Verfahren der Fertigungssteuerung: Grundlagen, Beschreibung, Konfiguration. VDI-Buch. Springer.

[Mati und Xie, 2007] Mati, Y. und Xie, X. (2007). A genetic-search-guided greedy algorithm for multi-resource shop scheduling with resource flexibility. IIE Transactions, 40(12):1228-1240.

[Manikas und Chang, 2009] Manikas, A. und Chang, Y. (2008). Multi-criteria sequence-dependent job shop scheduling using genetic algorithms. Computers & Industrial Engineering, 56:179–185.

[Marquardt, 1963] Marquardt, D.W. (1963). An algorithm for least squares estimation of nonlinear parameters. Journal of the society of industrial and applied mathematics, (11):431–441

[Masters, 1995] Masters, T.: Advanced algorithms for neural networks - a C++ sourcebook. Wiley & Sons, New York, 1995.

[McKay et al., 1979] McKay, M. D., Beckman, R. J. und Conover, W. J. (1979). A comparison of three methods for selecting values of input variables in the analysis of output from a computer code. Technometrics, 21(2):239–245.

[Meyr et al., 2005] Meyr, H., Wagner, M. und Rohde, J. (2005). Structure of advanced planning systems. Stadtler, Hartmut und Kilger, C., editor, Supply Chain Management and Advanced Planning, 109–115. Springer Berlin Heidelberg.

[Mitchell, 2010] Mitchell, T. M. (2010). Machine learning. McGraw-Hill series in computer science. McGraw-Hill, New York, NY, international ed., [reprint.] edition. XVII

[Mönch, 2006] Mönch, L. (2006). Agentenbasierte Produktionssteuerung komplexer Produktionssysteme. Wirtschaftsinformatik. Deutscher Universitäts-Verlag | GWV Fachverlage GmbH, Wiesbaden.

[Mönch et al., 2006] Mönch, L., Zimmermann, J. und Otto, P. (2006). Machine learning techniques for scheduling jobs with incompatible families and unequal ready times on parallel batch machines. Engineering Applications of Artificial Intelligence, 19(3):235-245.

[Mönch, 2007] Mönch, L. (2007). Simulation-Based Benchmarking of Production Control Schemes for Complex Manufacturing Systems. Control Engineering Practice, 15(11):1381-1393.

[Mönch et. al, 2011] Mönch, L., Fowler, J. W., Dauzère-Pérès, S., Mason, S. J. und Rose, O. (2011). A survey of problems, solution techniques, and future challenges in scheduling semiconductor manufacturing operations. Journal of Scheduling, 14(6):583–599.

[Mouelhi-Chibani und Pierreval, 2010] Mouelhi-Chibani, W. und Pierreval, H. (2010). Training a neural network to select dispatching rules in real time. Computers and Industrial Engineering, 58(2):249–256.

[Neal, 1996] Neal, R. M. (1996). Bayesian Learning for Neural Networks. Lecture Notes in Statistics, 1. Edition, Springer.

[Nebl, 2011] Nebl, T. (2011). Produktionswirtschaft. Lehr- und Handbücher der Betriebswirtschaftslehre. Oldenbourg Wissenschaftsverlag.

[Paciorek und Schervish, 2004] Paciorek, C. J. und Schervish, M. J. (2004). Nonstationary covariance functions for gaussian process regression. Proceeding of the Conference on Neural Information Processing Systems (NIPS). MIT Press.

[Pan und Chen, 2005] Pan, J. C.-H. und Chen, J.-S. (2005). Mixed binary integer programming formulations for the reentrant job shop scheduling problem. Computers and Operations Research, 32(5):1197–1212.

[Panwalkar und Iskander, 1977] Panwalkar, S. S. und Iskander, W. (1977). A survey of scheduling rules. Operations Research, 25(1):45–61.

[Park et al., 2000] Park, Y., Kim, S. und Lee, Y.-H. (2000). Scheduling jobs on parallel machines applying neural network and heuristic rules. Computers and Industrial Engineering, 38(1):189–202.

[Pastuszka, 2011] Pastuszka, N. (2011). Ein numerisches Verfahren zum Fitten von empirischen Potentialen mit quantenmechanischen Daten. Bachelorarbeit, Institut für Numerische Simulation, Universität Bonn. (letzter Abruf, Juli, 2013) wissrech.ins.uni-bonn.de/teaching/bachelor/Bachelorarbeit_Pastuszka.pdf

[Patel et al., 1999] Patel, V., ElMaraghy, H. und Ben-Abdallah, I. (1999). Scheduling in dual-resources constrained manufacturing systems using genetic algorithms. 7th IEEE International Conference on Emerging Technologies and Factory Automation, Proceedings. ETFA '99., (2):1131–1139

[Pickardt und Branke, 2011] Pickardt, C. W. und Branke, J. (2011). Setup-oriented dispatching rules - a survey. International Journal of Production Research, 50(20):1–20.

[Pickardt et al., 2012] Pickardt, C., Hildebrandt, T., Branke, J., Heger, J. und Scholz-Reiter, B. (2012). Evolutionary generation of dispatching rule sets for complex dynamic scheduling problems. International Journal of Production Economics.

[Pinedo, 2012] Pinedo, M. (2012). Scheduling: Theory, Algorithms, and Systems. 12. Auflage, Springer Science + Business Media.

[Plagemann et al., 2008] Plagemann, C., Kersting, K. und Burgard, W. (2008). Nonstationary gaussian process regression using point estimates of local smoothness. In ECML/PKDD (2), 204–219.

[Priore et al., 2001] Priore, P., de la Fuente, D., Gomez, A. und Puente, J. (2001). A review of machine learning in dynamic scheduling of flexible manufacturing systems. AI EDAM, 15(3):251–263.

[Quadt und Kuhn, 2005] Quadt, D. und Kuhn, H. (2005). Conceptual framework for lot-sizing and scheduling of flexible flow lines. International Journal of Production Research, 43(11):2291–2308.

[Rajendran und Holthaus, 1999] Rajendran, C. und Holthaus, O. (1999). A comparative study of dispatching rules in dynamic flowshops und jobshops. European Journal of Operational Research, 116(1):156–170.

[Rasmussen, 1996] Rasmussen, C. E. (1996). Evaluation of Gaussian Processes and other methods for non-linear regression. PhD thesis,

Department of Computer Science, University of Toronto. (letzter Abruf, Juli, 2013) www.kyb.mpg.de/publications/pss/ps2304.ps.

[Rasmussen und Nickisch, 2013] Rasmussen, C. E. und Nickisch, H. (2013). GPML MATLAB Code, Version 3.1, (letzter Abruf, Juli, 2013) www.gaussianprocess.org/gpml,

[Rasmussen und Williams, 2006] Rasmussen, C. E. und Williams, C. K. I. (2006). Gaussian Processes for Machine Learning (Adaptive Computation und Machine Learning). The MIT Press.

[Reeves, 1996] Reeves, C. R. (1996). Modern heuristic techniques. In Modern heuristic search methods. Rayward-Smith, V. J., Osman, I. H., Reeves, C. R., Smith, G. D., Wiley.

[Reinhart et al., 2013] Reinhart, G., Engelhardt, P., Geiger, F., Philipp, W., Wahlster, D., Zühlke, J., Schlick, T., Becker, M., Löckelt, B., Pirvu, B., Hodek, S., Scholz-Reiter, B., Thoben, K.-D., Gorldt, C., Hribernik, K. A., Lappe, D. und Veigt, M. (2013). Cyber-physische Produktionssysteme - Produktivitäts- und Flexibilitätssteigerung durch die Vernetzung intelligenter Systeme in der Fabrik. wt Werkstattstechnik online, 103(2):84–89.

[Rekersbrink et al., 2010] Rekersbrink, H., Scholz-Reiter, B. und Zabel, C. (2010). An autonomous control concept for production logistics. Dangelmaier, W., editor, Advanced Manufacturing and Sustainable Logistics. Proceedings of 8th International Heinz Nixdorf Symposium (IHNS 2010), 245–256, Springer Heidelberg

[Rekersbrink, 2012] Rekersbrink, H. (2012). Methoden zum selbststeuernden Routing autonomer logistischer Objekte - Entwicklung und Evaluierung des Distributed Logistics Routing Protocol (DLRP). Dissertation Universität Bremen. (letzter Abruf, Juli, 2013) http://nbn-resolving.de/urn:nbn:de:gbv:46-00102968-15.

[Rohde et al., 2000] Rohde, J., Meyr, H. und Wagner, M. (2000). Die supply chain planning matrix. PPS-Management, 5(1):10–15.

[Rose, 2002] Rose, O. (2002). Some issues of the critical ratio dispatch rule in semiconductor manufacturing. Proceedings of the 2002 Winter Simulation Conference.

[Russell und Norvig, 2010] Russell, S. und Norvig, P. (2010). Artificial Intelligence: A Modern Approach. Prentice Hall Series in Artificial Intelligence. Prentice Hall.

[Schneeweiß, 2008] Schneeweiß, C. (2008). Einführung in die Produktionswirtschaft. Springer Verlag.

[Scholz-Reiter et al., 2005] Scholz-Reiter, B., Freitag, M., Rekersbrink, H., Wenning, B.-L., Gorldt, C. und Echelmeyer, W. (2005). Auf dem Weg zur Selbststeuerung in der Logistik - Grundlagenforschung und Praxisprojekte. In Wäscher, G., Inderfurth, K., Neumann, G., Schenk, M., and Ziems, D., Editoren, Intelligente Logistikprozesse - Konzepte, Lösungen, Erfahrungen. Begleitband zur 11. Magdeburger Logistiktagung, 166–180, Magdeburg. Logisch-Verlag.

[Scholz-Reiter et al., 2007a] Scholz-Reiter, B., Jagalski, T., und Bendul, J. (2007). Bienenalgorithmen zur Selbststeuerung logistischer Prozesse. Industrie Management, 23(5):7–10.

[Scholz-Reiter et al., 2008] Scholz-Reiter, B., Beer, C., Freitag, M., Hamann, T., Rekersbrink, H. und Tervo, J. (2008). Dynamik logistischer Systeme. Nyhuis, P., Editor, Beiträge zu einer Theorie der Logistik, 109–138. Springer Berlin Heidelberg.

[Scholz-Reiter et al., 2008a] Scholz-Reiter, B., de Beer, C., Freitag, M. und Jagalski, T. (2008). Bio-inspired and pheromone-based shop-floor control. International journal of computer integrated manufacturing, 21(2):201–205.

[Scholz-Reiter et al., 2008b] Scholz-Reiter, B., Lütjen, M. und Heger, J. (2008). Integrated simulation method for investment decisions of micro production systems. Microsystem Technologies, 14(12):2001–2005.

[Scholz-Reiter et al., 2009a] Scholz-Reiter, B., Görges, M. und Philipp, T. (2009a). Autonomously controlled production systems–influence of autonomous control level on logistic performance. CIRP Annals - Manufacturing Technology, 58(1):395–398.

[Scholz-Reiter et al., 2009b] Scholz-Reiter, B., Heger, J. und Hildebrandt, T. (2009). Analysis und comparison of dispatching rule-based scheduling in dual-resource constrained shop-floor scenarios. Proceedings of The World Congress on Engineering and Computer Science 2009, (2):921–927.

[Scholz-Reiter et al., 2010a] Scholz-Reiter, B., Heger, J. und Hildebrandt, T. (2010). Analysis of Priority Rule-Based Scheduling in Dual Resource Constrained Shop-Floor Scenarios. Vol. 68 in Series: Lecture Notes in Electrical Engineering, Machine Learning and Systems Engineering.

[Scholz-Reiter et al., 2010b] Scholz-Reiter, B., Heger, J. und Hildebrandt, T. (2010). Gaussian processes for dispatching rule selection in production scheduling. Proceeding of the International Workshop on Data Mining Application in Government and Industry 2010 (DMAGI10) As Part of The 10th IEEE International Conference on Data Mining.

[Scholz-Reiter et al., 2010c] Scholz-Reiter, B., Heger, J. Hildebrandt, T., und Rippel, D. (2010). Towards advanced learning in dispatching rule-based scheduling. Proceedings of the 2010 International Conference on Logistics und Maritime Systems, CD-ROM.

[Scholz-Reiter und Heger, 2011] Scholz-Reiter, B. und Heger, J. (2011). Automatic error detection in Gaussian processes regression modeling for production scheduling. ADVCOMP 2011, The Fifth International Conference on Advanced Engineering Computing and Applications in Sciences. IARIA Conference

[Scholz-Reiter et al., 2011] Scholz-Reiter, B., Heger, J., Lütjen, M. und Schweizer (Virnich), A. (2011). A MILP for installation scheduling of offshore wind farms. International Journal of Mathematical Models and Methods in Applied Sciences, 5(1):371–378.

[Schröder, 2010] Schröder (2010). Statische Funktionsapproximatoren. In Intelligente Verfahren, 37–89. Springer Berlin Heidelberg.

[Schuh, 2006] Schuh, G. (2006). Produktionsplanung und -steuerung. Springer, Berlin.

[Siebertz et al., 2010] Siebertz, K., Bebber, D. und Hochkirchen, T. (2010). Statistische Versuchsplanung, VDI-Buch, Springer Berlin Heidelberg.

[Stein, 1999] Stein, M. (1999). Interpolation of Spatial Data: Some Theory for Kriging. Springer Series in Statistics Series. Springer New York.

[Storer et al., 1992] Storer, R. H., Wu, S. D. und Vaccari, R. (1992). New search spaces for sequencing problems with application to job shop scheduling. Management Science, 38(10).

[Suhl und Mellouli, 2009] Suhl, L. und Mellouli, T. (2009). Optimierungssysteme: Modelle, Verfahren, Software, Anwendungen. Springer-Verlag New York, Inc., Secaucus, NJ, USA.

[Supply Chain Council, 2012] Supply Chain Council, SCOR model, (letzter Abruf, Juli, 2013) http://supply-chain.org.

[Sun und Yih, 1996] Sun, Y. L. und Yih, Y. (1996). An intelligent controller for manufacturing cells. International Journal of Production Research, 34(8):2353–2373.

[Taillard, 1994] Taillard, É. (1994). Parallel taboo search techniques for the job-shop scheduling problem. ORSA Journal on Computing, 16(2):108–117.

[Toussaint et al., 2010] Toussaint, M., Ritter, H., Jost, J. und Igel, C. (2010). Autonomes lernen. DFG-Schwerpunktprogramm. (letzter Abruf, Juli, 2013) http://autonomous-learning.org.

[Tsakalis et al., 1997] Tsakalis, K. S., Flores-Godoy, J.-J. und Rodriguez, A. (1997) Hierarchical modeling and control for re-entrant semiconductor fabrication lines: a mini-fab benchmark. In Emerging Technologies and Factory Automation Proceedings, ETFA '97., 6th International Conference, 508-513.

[Vepsalainen und Morton, 1987] Vepsalainen, A. P. J. und Morton, T. E. (1987). Priority rules for job shops with weighted tardiness costs. Management Science, 33(8):1035–1047.

[Vig und Dooley, 1991] Vig, M. M. und Dooley, K. J. (1991). Dynamic rules for due-date assignment. International Journal of Production Research, 29(7):1361–1377.

[Wiendahl, 2010] Wiendahl, H.-P. (2010). Betriebsorganisation für Ingenieure. Hanser, München, 7. aktualisierte Auflage.

[Wilbrecht und Prescott, 1969] Wilbrecht, J. K. und Prescott, W. B. (1969). The influence of setup time on job shop performance. Management Science, 16(4):274–280.

[Windt, 2008] Windt, K. (2008). Ermittlung des angemessenen selbststeuerungsgrades in der Logistik - Grenzen der Selbststeuerung. Nyhuis, P., Editor, Beiträge zu einer Theorie der Logistik, 349–372. Springer Berlin Heidelberg.

[Whitley, 1994] Whitley, D. (1994). A genetic algorithm tutorial. Statistics and Computing, 4:65–85.

[Wu und Wysk, 1989] Wu, S.-Y. D. und Wysk, R. A. (1989). An application of discrete-event simulation to on-line control und scheduling in flexible manufacturing. International Journal of Production Research, 27(9):1603–1623.

[Yamada und Nakano, 1992] Yamada, T. und Nakano, R. (1992). A genetic algorithm applicable to large-scale job-shop problems. In Männer, R. und Manderick, B. PPSN'2, Proceedings of the 2nd International Workshop on Parallel Problem Solving from Nature, Brussels.

[Zäpfel und Braune, 2005] Zäpfel, G. und Braune, R. (2005). Moderne Heuristiken der Produktionsplanung: am Beispiel der Maschinenbelegung. WiSo-Kurzlehrbücher: Reihe Betriebswirtschaft. Vahlen.

[Zhang et al., 2007] Zhang C. H., Li, P. G., Guan, Z. L. und Rao, Y. Q. (2007). A tabu search algorithm with a new neighborhood structure for the job shop scheduling problem. Computers and Operations Research, 34(11):3229–3242.

[Zhou et al., 2009] Zhou, H., Cheung, W. und Leung, L. C. (2009). Minimizing weighted tardiness of job-shop scheduling using a hybrid genetic algorithm. European Journal of Operational Research, 194(3):637–649.

Abschlussarbeiten

In der vorliegenden Arbeit sind Ergebnisse enthalten, die im Rahmen der Betreuung folgender studentischer Arbeiten entstanden sind:

[Bani, 2012] Bani, H. (2012). Dynamische Auswahl von Prioritätsregeln mit Hilfe eines neuronalen Netzes zur Reihenfolgeplanung in der Werkstatt- bzw. flexiblen Fließfertigung, unveröffentlichte Masterarbeit, Gutachter: Thoben, K.-D., Heger, J., Fachbereich 4, Universität Bremen.

[Hormann, 2011] Hormann, C. (2011). Validierung einer ereignisdiskreten Fertigungssimulation am Beispiel der Halbleiterindustrie, unveröffentlichte Bachelorarbeit, Gutachter: Scholz-Reiter, B., Toonen, C., Betreuer: Heger, J., Hildebrandt, T., Fachbereich 4, Universität Bremen

Anhang

A.1. Klassifikation von Reihenfolgeplanungsproblemen

Pinedo [Pinedo, 2012] beschreibt und klassifiziert Reihenfolgeplanungsprobleme in Anlehnung an die von Graham et al. [Graham et al., 1979] eingeführte Notation, wie folgt: „A scheduling problem is described by a triplet $\alpha \mid \beta \mid \gamma$. The α field describes the machine environment and contains just one entry. The β field provides details of processing characteristics and constraints and may contain no entry at all, a single entry, or multiple entries. The γ field describes the objective to be minimized and often contains a single entry."

In Tabelle 15 sind einige Beispiele für die drei Felder $\alpha \mid \beta \mid \gamma$ Notation aufgeführt. Weitere Ausführungen finden sich u.a. in (Pinedo 2012) und (Graham 1979) oder auch (Aufenanger 2009).

Tabelle 15 Beispiele für Klassifikation von Reihenfolgeplanungsproblemen in der $\alpha \mid \beta \mid \gamma$ Darstellung.

α	β	γ
• Single machine (1) • Identical machines in parallel (*Pm*) • Machines in parallel with different speeds (*Qm*) • Unrelated machines in parallel (*Rm*) • Flow shop (*Fm*) • Flexible flow shop (*FFc*) • Job shop (*Jm*) • Flexible job shop (*FJc*) • Open shop (*Om*)	• Release dates (*rj*) • Preemptions (*prmp*) • Precedence constraints (*prec*) • Sequence dependent setup times (*sjk*) • Job families (*fmls*) • Batch processing (*batch(b)*) • Breakdowns (*brkdwn*) • Machine eligibility restrictions (*Mj*) • Permutation (*prmu*) • Blocking (*block*) • No-wait (*nwt*) • Recirculation (*rcrc*)	• Maximum Lateness (*Lmax*) • Total weighted completion time $\sum w_j C_j$ • Discounted total weighted completion time $\sum w_j \left(1-e^{-rC_j}\right)$ • Total weighted tardiness $\sum w_j T_j$ • Weighted number of tardy jobs $\sum w_j U_j$

A.2. Ergebnisse Mini-Fab

Die Auswertungen zu der Tabelle 16 finden sich in Kapitel 5.1.3.

Tabelle 16 Ergebnisse der statischen Analyse des Mini-Fab Szenarios (vgl. [Scholz-Reiter et al., 2009b])

Maschinen Regel [tie breaker]	Operator Regel [tie breaker]	NO_OPERATOR (0 Operator)			MACH_CONSTR. (1 Operator)		
		Auslastung des Bottleneck					
		70 %	80 %	90 %	70 %	80 %	90 %
FIFO	FIFO	1,42	1,74	2,71	1,49	1,94	3,71
FIFO	FSFO	1,42	1,74	2,71	1,48	1,89	3,46
FIFO	MQL [FIFO]	1,42	1,74	2,71	1,47	1,87	3,22
FIFO	MQL [FSFO]	1,42	1,74	2,71	1,47	1,86	3,21
FIFO	MQL [Rnd]	1,42	1,74	2,71	1,47	1,86	3,2
FIFO	Rnd	1,42	1,74	2,71	1,5	1,95	3,81
FIFO	SSPT [FIFO]	1,42	1,74	2,71	1,46	1,83	3,11
FIFO	SSPT [FSFO]	1,42	1,74	2,71	1,46	1,83	3,08
FIFO	SSPT [Rnd]	1,42	1,74	2,71	1,46	1,84	3,12
FIFO	SPT [FIFO]	1,42	1,74	2,71	1,47	1,85	3,22
FIFO	SPT [FSFO]	1,42	1,74	2,71	1,47	1,85	3,23
FIFO	SPT [Rnd]	1,42	1,74	2,71	1,47	1,85	3,2
FSFO	FIFO	1,32	1,52	2,13	1,35	1,59	2,3
FSFO	FSFO	1,32	1,52	2,13	1,34	1,58	2,26
FSFO	MQL [FIFO]	1,32	1,52	2,13	1,34	1,58	2,32

Maschinen Regel [tie breaker]	Operator Regel [tie breaker]	OP_CONSTR. (2 Operatoren)			DUAL_CONSTR. (3 Operatoren)			Durchschnittlicher Flussfaktor (alle Szenarien)
		Auslastung des Bottleneck						
		70 %	80 %	90 %	70 %	80 %	90 %	
FIFO	FIFO	2,26	3,4	8,26	2,22	6,28	so	3,22
FIFO	FSFO	1,86	2,53	4,92	1,91	3,5	so	2,49
FIFO	MQL [FIFO]	2,04	2,75	5	1,88	2,94	so	2,46
FIFO	MQL [FSFO]	1,88	2,56	4,76	1,85	2,91	so	2,4
FIFO	MQL [Rnd]	2,02	2,74	4,99	1,87	2,92	so	2,45
FIFO	Rnd	2,29	3,48	8,93	2,27	6,9	so	3,36
FIFO	SSPT [FIFO]	1,93	2,58	4,55	1,79	2,84	so	2,36
FIFO	SSPT [FSFO]	1,88	2,5	4,44	1,76	2,7	so	2,32
FIFO	SSPT [Rnd]	1,93	2,58	4,56	1,8	2,86	so	2,37
FIFO	SPT [FIFO]	2,04	2,84	6,02	1,82	3,03	so	2,56
FIFO	SPT [FSFO]	2,07	2,93	6,63	1,83	3,12	so	2,64
FIFO	SPT [Rnd]	2,03	2,81	5,8	1,82	3,03	so	2,54
FSFO	FIFO	1,99	2,69	5,15	1,71	2,63	so	2,22
FSFO	FSFO	1,76	2,27	3,98	1,61	2,29	so	2
FSFO	MQL [FIFO]	1,95	2,53	4,18	1,66	2,35	6,56	2,08

FSFO	MQL [FSFO]	1,32	1,52	2,13	1,34	1,58	2,33
FSFO	MQL [Rnd]	1,32	1,52	2,13	1,34	1,58	2,33
FSFO	Rnd	1,32	1,52	2,13	1,35	1,61	2,52
FSFO	SSPT [FIFO]	1,32	1,52	2,13	1,34	1,56	2,25
FSFO	SSPT [FSFO]	1,32	1,52	2,13	1,34	1,56	2,25
FSFO	SSPT [Rnd]	1,32	1,52	2,13	1,34	1,57	2,28
FSFO	SPT [FIFO]	1,32	1,52	2,13	1,35	1,59	2,41
FSFO	SPT [FSFO]	1,32	1,52	2,13	1,35	1,59	2,41
FSFO	SPT [Rnd]	1,32	1,52	2,13	1,34	1,58	2,33
Rnd	FIFO	1,42	1,73	2,69	1,49	1,93	3,8
Rnd	FSFO	1,42	1,73	2,69	1,47	1,88	3,42
Rnd	MQL [FIFO]	1,42	1,73	2,69	1,47	1,85	3,19
Rnd	MQL [FSFO]	1,42	1,73	2,69	1,46	1,85	3,17
Rnd	MQL [Rnd]	1,42	1,73	2,69	1,46	1,85	3,17
Rnd	Rnd	1,42	1,73	2,69	1,49	1,94	3,87
Rnd	SSPT [FIFO]	1,42	1,73	2,69	1,45	1,82	3,09
Rnd	SSPT [FSFO]	1,42	1,73	2,69	1,45	1,81	3,05
Rnd	SSPT [Rnd]	1,42	1,73	2,69	1,46	1,82	3,1
Rnd	SPT [FIFO]	1,42	1,73	2,69	1,46	1,84	3,19
Rnd	SPT [FSFO]	1,42	1,73	2,69	1,46	1,83	3,17

FSFO	MQL [FSFO]	1,82	2,37	4,01	1,62	2,28	8,4	2,03
FSFO	MQL [Rnd]	1,93	2,51	4,16	1,65	2,36	14,65	2,08
FSFO	Rnd	2,03	2,82	6	1,76	3,23	so	2,39
FSFO	SSPT [FIFO]	1,83	2,31	3,68	1,54	2	so	1,95
FSFO	SSPT [FSFO]	1,76	2,21	3,51	1,58	2,27	so	1,95
FSFO	SSPT [Rnd]	1,83	2,32	3,7	1,58	2,17	9,77	1,98
FSFO	SPT [FIFO]	1,92	2,68	7,26	1,56	2,61	so	2,39
FSFO	SPT [FSFO]	1,89	2,49	5,01	1,58	2,65	so	2,18
FSFO	SPT [Rnd]	1,88	2,46	4,71	1,57	3,03	so	2,17
Rnd	FIFO	2,26	3,41	8,63	2,23	6,85	so	3,31
Rnd	FSFO	1,86	2,53	4,72	1,94	3,6	so	2,48
Rnd	MQL [FIFO]	2,03	2,75	4,99	1,87	2,93	so	2,45
Rnd	MQL [FSFO]	1,89	2,57	4,79	1,85	2,91	so	2,39
Rnd	MQL [Rnd]	2,02	2,74	4,98	1,86	2,92	so	2,44
Rnd	Rnd	2,27	3,45	8,91	2,29	7,99	so	3,46
Rnd	SSPT [FIFO]	1,93	2,56	4,53	1,79	2,86	so	2,35
Rnd	SSPT [FSFO]	1,87	2,49	4,44	1,77	2,79	so	2,32
Rnd	SSPT [Rnd]	1,93	2,57	4,54	1,8	2,9	so	2,36
Rnd	SPT [FIFO]	2,03	2,84	6,14	1,84	3,24	so	2,58
Rnd	SPT [FSFO]	2,03	2,81	5,7	1,84	3,23	so	2,54

Rnd	SPT [Rnd]	1,42	1,73	2,69	1,46	1,83	3,17
SPT [FIFO]	FIFO	1,37	1,65	2,44	1,41	1,72	2,73
SPT [FIFO]	FSFO	1,37	1,65	2,44	1,41	1,73	2,72
SPT [FIFO]	MQL [FIFO]	1,37	1,65	2,44	1,4	1,7	2,59
SPT [FIFO]	MQL [FSFO]	1,37	1,65	2,44	1,4	1,7	2,59
SPT [FIFO]	MQL [Rnd]	1,37	1,65	2,44	1,4	1,7	2,59
SPT [FIFO]	Rnd	1,37	1,65	2,44	1,41	1,73	2,76
SPT [FIFO]	SSPT [FIFO]	1,37	1,65	2,44	1,4	1,7	2,59
SPT [FIFO]	SSPT [FSFO]	1,37	1,65	2,44	1,4	1,69	2,58
SPT [FIFO]	SSPT [Rnd]	1,37	1,65	2,44	1,4	1,7	2,59
SPT [FIFO]	SPT [FIFO]	1,37	1,65	2,44	1,41	1,72	2,69
SPT [FIFO]	SPT [FSFO]	1,37	1,65	2,44	1,41	1,73	2,69
SPT [FIFO]	SPT [Rnd]	1,37	1,65	2,44	1,41	1,72	2,68
SPT [FSFO]	FIFO	1,37	1,65	2,44	1,41	1,72	2,73
SPT [FSFO]	FSFO	1,37	1,65	2,44	1,41	1,73	2,72
SPT [FSFO]	MQL [FIFO]	1,37	1,65	2,44	1,4	1,7	2,59
SPT [FSFO]	MQL[FSFO]	1,37	1,65	2,44	1,4	1,7	2,59
SPT [FSFO]	MQL [Rnd]	1,37	1,65	2,44	1,4	1,7	2,59
SPT [FSFO]	Rnd	1,37	1,65	2,44	1,41	1,73	2,76
SPT [FSFO]	SSPT [FIFO]	1,37	1,65	2,44	1,4	1,7	2,59

Rnd	SPT [Rnd]	2,02	2,79	5,75	1,83	3,22	so	2,54
SPT [FIFO]	FIFO	2,02	2,76	5,44	1,84	3,41	so	2,44
SPT [FIFO]	FSFO	2,08	3,24	8,09	1,93	3,67	so	2,76
SPT [FIFO]	MQL [FIFO]	2,02	2,77	5,23	1,73	2,53	13,14	2,31
SPT [FIFO]	MQL [FSFO]	1,9	2,63	5,1	1,73	2,55	13,2	2,28
SPT [FIFO]	MQL [Rnd]	2,02	2,77	5,26	1,73	2,53	14,17	2,31
SPT [FIFO]	Rnd	2,07	2,9	6,23	1,89	3,8	so	2,57
SPT [FIFO]	SSPT [FIFO]	2,12	3,17	7,04	1,74	2,69	so	2,54
SPT [FIFO]	SSPT [FSFO]	2,09	3,14	7,03	1,75	2,72	so	2,53
SPT [FIFO]	SSPT [Rnd]	2,11	3,15	6,99	1,74	2,68	so	2,53
SPT [FIFO]	SPT [FIFO]	2,35	3,77	10,48	2,12	5	so	3,18
SPT [FIFO]	SPT [FSFO]	2,4	3,94	12,06	2,15	5,23	so	3,37
SPT [FIFO]	SPT [Rnd]	2,32	3,63	9,09	2,06	4,55	so	2,99
SPT [FSFO]	FIFO	2,02	2,76	5,44	1,84	3,41	so	2,44
SPT [FSFO]	FSFO	2,08	3,24	8,09	1,93	3,67	so	2,76
SPT [FSFO]	MQL [FIFO]	2,02	2,77	5,23	1,73	2,53	13,14	2,31
SPT [FSFO]	MQL[FSFO]	1,9	2,63	5,1	1,73	2,55	13,2	2,28
SPT [FSFO]	MQL [Rnd]	2,02	2,77	5,26	1,73	2,53	14,17	2,31
SPT [FSFO]	Rnd	2,07	2,9	6,23	1,89	3,8	so	2,57
SPT [FSFO]	SSPT [FIFO]	2,12	3,17	7,04	1,74	2,69	so	2,54

SPT [FSFO]	SSPT [FSFO]	1,37	1,65	2,44	1,4	1,69	2,58
SPT [FSFO]	SSPT [Rnd]	1,37	1,65	2,44	1,4	1,7	2,59
SPT [FSFO]	SPT [FIFO]	1,37	1,65	2,44	1,41	1,72	2,69
SPT [FSFO]	SPT [FSFO]	1,37	1,65	2,44	1,41	1,73	2,69
SPT [FSFO]	SPT [Rnd]	1,37	1,65	2,44	1,41	1,72	2,68
SPT [Rnd]	FIFO	1,37	1,65	2,44	1,41	1,72	2,73
SPT [Rnd]	FSFO	1,37	1,65	2,44	1,41	1,73	2,71
SPT [Rnd]	MQL [FIFO]	1,37	1,65	2,44	1,4	1,7	2,59
SPT [Rnd]	MQL [FSFO]	1,37	1,65	2,44	1,4	1,7	2,59
SPT [Rnd]	MQL [Rnd]	1,37	1,65	2,44	1,4	1,7	2,59
SPT [Rnd]	Rnd	1,37	1,65	2,44	1,41	1,73	2,76
SPT [Rnd]	SSPT [FIFO]	1,37	1,65	2,44	1,4	1,7	2,59
SPT [Rnd]	SSPT [FSFO]	1,37	1,65	2,44	1,4	1,69	2,58
SPT [Rnd]	SSPT [Rnd]	1,37	1,65	2,44	1,4	1,7	2,59
SPT [Rnd]	SPT [FIFO]	1,37	1,65	2,44	1,41	1,72	2,69
SPT [Rnd]	SPT [FSFO]	1,37	1,65	2,44	1,41	1,72	2,69
SPT [Rnd]	SPT [Rnd]	1,37	1,65	2,44	1,41	1,72	2,68
Flussfaktor beste Regel		1,32	1,52	2,13	1,34	1,56	2,25
Flussfaktor schlechteste Regel		1,42	1,74	2,71	1,50	1,95	3,87
Durchlaufzeitspanne ((schlechteste-beste)/beste)		8,2 %	14,7 %	27,3 %	12,2 %	24,8 %	72,5 %

SPT [FSFO]	SSPT [FSFO]	2,09	3,14	7,03	1,75	2,72	so	2,53
SPT [FSFO]	SSPT [Rnd]	2,11	3,15	6,99	1,74	2,68	so	2,53
SPT [FSFO]	SPT [FIFO]	2,35	3,77	10,48	2,12	5	so	3,18
SPT [FSFO]	SPT [FSFO]	2,4	3,94	12,06	2,15	5,23	so	3,37
SPT [FSFO]	SPT [Rnd]	2,32	3,63	9,09	2,06	4,55	so	2,99
SPT [Rnd]	FIFO	2,02	2,76	5,44	1,84	3,41	so	2,44
SPT [Rnd]	FSFO	2,07	3,18	7,67	1,88	3,33	so	2,68
SPT [Rnd]	MQL [FIFO]	2,02	2,77	5,23	1,73	2,53	13,12	2,31
SPT [Rnd]	MQL [FSFO]	1,9	2,64	5,11	1,73	2,54	13,71	2,28
SPT [Rnd]	MQL [Rnd]	2,02	2,77	5,26	1,73	2,53	14,16	2,31
SPT [Rnd]	Rnd	2,07	2,9	6,23	1,89	3,8	so	2,57
SPT [Rnd]	SSPT [FIFO]	2,12	3,17	7,04	1,74	2,69	so	2,54
SPT [Rnd]	SSPT [FSFO]	2,09	3,14	7,03	1,75	2,73	so	2,53
SPT [Rnd]	SSPT [Rnd]	2,11	3,15	6,99	1,74	2,68	so	2,53
SPT [Rnd]	SPT [FIFO]	2,35	3,77	10,48	2,12	5	so	3,18
SPT [Rnd]	SPT [FSFO]	2,33	3,64	8,99	2,1	4,78	so	3,01
SPT [Rnd]	SPT [Rnd]	2,32	3,63	9,09	2,06	4,55	so	2,99
Flussfaktor beste Regel		1,76	2,21	3,51	1,54	2,00	6,56	1,95
Flussfaktor schlechteste Regel		2,40	3,94	12,06	2,29	7,99	14,65	3,46
Durchlaufzeitspanne ((schlechteste-		36,0 %	78,0 %	243 %	48,6 %	299,6%	123,5%	77,4 %